国家自然科学基金项目(51504097)资助
河北省自然科学基金项目(E2019508100)资助

煤层突出危险电法探测技术理论及应用

陈 鹏 著

中国矿业大学出版社
·徐州·

内 容 提 要

本书提出将地球物理勘探方法中的主动式直流电法技术引入煤与瓦斯突出危险性区域探测中,采用理论分析、实验室实验和现场应用相结合的研究方法,运用岩石力学、电介质物理学、地球物理学等理论分析(含瓦斯)煤体变形破坏及致灾过程中的电性响应特征,揭示煤层突出危险要素对煤体电性特征的影响规律与作用机制,研究煤与瓦斯突出演化过程直流电法响应规律,提出直流电法探测煤与瓦斯区域突出危险性的技术思路及判识方法,并进行现场初步应用。

本书主要供高等院校安全工程、采矿工程、地质工程等相关专业师生作为专业指导书籍使用,也可供煤炭企业技术人员、技术管理干部、科研院所研究人员参考使用。

图书在版编目(C I P)数据

煤层突出危险电法探测技术理论及应用 / 陈鹏著
. —徐州:中国矿业大学出版社,2020.10
ISBN 978 - 7 - 5646 - 4257 - 0

Ⅰ. ①煤…　Ⅱ. ①陈…　Ⅲ. ①煤突出—电法勘探②瓦斯突出—电法勘探　Ⅳ. ①TD713

中国版本图书馆 CIP 数据核字(2020)第 206854 号

书　　名	煤层突出危险电法探测技术理论及应用
著　　者	陈　鹏
责任编辑	张　岩　何晓明
出版发行	中国矿业大学出版社有限责任公司
	(江苏省徐州市解放南路　邮编221008)
营销热线	(0516)83884103　83885105
出版服务	(0516)83995789　83884920
网　　址	http://www.cumtp.com　**E-mail**:cumtpvip@cumtp.com
印　　刷	苏州市古得堡数码印刷有限公司
开　　本	787 mm×1092 mm　1/16　**印张** 9.5　**字数** 181 千字
版次印次	2020 年 10 月第 1 版　2020 年 10 月第 1 次印刷
定　　价	37.00 元

(图书出现印装质量问题,本社负责调换)

前　言

我国煤矿大部分为井工开采,随着浅部资源逐渐枯竭,开采活动向深部延深,许多矿井埋深达 800～1 500 m。随着煤矿开采深度和开采强度的增大,煤层原始瓦斯压力和瓦斯含量增大,加之复杂的地应力场(主要为构造应力场)、采动应力场、裂隙场等多场耦合作用,煤层突出危险性也在增加,突出危险区不断扩大,部分原来无突出危险性的煤层开始出现动力现象,有突出危险性的煤层突出更加严重。瓦斯突出灾害已经成为制约一些大型煤业集团安全高效生产的关键性因素。

煤与瓦斯突出灾害具有明显的区域分布特征,在 2019 年 10 月 1 日我国正式实施的《防治煤与瓦斯突出细则》中,仍将突出预测作为防突的第一步工作,如何进行准确有效的突出区域探测和划分,是区域防突工作的重点和难点。目前我国对突出灾害的预测尺度存在很大的跨度,区域预测尺度较大,工作面预测尺度又较小,缺乏一种中间尺度的预测,也尚未做到预测结果的精细划分,亟须寻求一种新的方法和技术弥补这些缺陷。

在煤岩动力灾害过程中存在多种物理力学响应,涉及力学过程、力学响应、物性及电性参数变化和地球物理场等。瓦斯突出煤体作为一种气固结合的地质体,从生成开始就不断向周围发射大量的地球物理信息。瓦斯突出的实质就是气固结合的地质体受地应力和瓦斯压力的综合作用下在时间与空间上体现出来的地球物理场。在地球物理研究领域,直流电法是以介质的电阻率为探测对象的一种典型勘探方法,在理论上比较完善,资料解释比较简单,技术和装备较为成熟,对地质异常体分辨能力较强。在煤矿井下,工作面内部的煤层、瓦斯、裂隙、水分等介质赋存具有不均匀性,标志着突出危险性会有区别,利用电法技术对工作面内部进行电阻率成像,通过电阻率异常区的分析,圈定工作面内部突出危险区和非突出危险区,可以实现工作面内部煤层突出危险性的精细化划分。

基于此,本书提出将地球物理勘探方法中的主动式直流电法技术引入煤与瓦斯突出危险性区域探测中,采用理论分析、实验室实验和现场应用相结合的研究方法,运用岩石力学、电介质物理学、地球物理学等理论分析(含瓦斯)煤体变形破坏及致灾过程中的电性响应特征,揭示煤层突出危险要素对煤体电性特征的影响规律与作用机制,研究煤与瓦斯突出演化过程直流电法响应规律,提出直流电法探测煤与瓦斯区域突出危险性的技术思路及判识方法,并进行现场初步应用。

本书共分7章。第1章主要分析了煤与瓦斯突出的背景,对常规区域预测研究方法和地球物理预测方法进行了分析,对煤体电阻率与突出危险性的关系进行了详细阐述,提出了将以电阻率指标为主的主动式直流电法技术引入煤与瓦斯突出危险性区域探测;第2章主要研究应力作用下煤体电阻率的变化规律,设计了不同的加载方式,实时测试并分析了电阻率变化规律;第3章研究了瓦斯吸附/解吸过程电阻率变化规律,实现了注入不同气体及其不同压力条件下吸附/解吸过程电阻率测试;第4章分析了煤的电子导电和离子导电机理,分析了应力和瓦斯对电阻率的影响机制;第5章建立了煤与瓦斯突出模拟及并行电法测试实验系统,测试研究了煤与瓦斯突出演化过程直流电法的响应规律;第6章提出了直流电法探测煤与瓦斯区域突出危险性的技术思路及判识方法;第7章为全书的总结论述。本书研究成果为煤与瓦斯区域突出危险性探测提供了新的技术手段,对于促进煤田地球物理勘探技术的应用和发展具有重要意义,对于其他煤岩动力灾害的区域性探测和评价也具有重要的参考作用。本书主要供高等院校安全工程、采矿工程、地质工程等相关专业师生作为专业指导书籍使用,也可供煤炭企业技术人员、技术管理干部、科研院所研究人员参考使用。

本书写作过程中得到了淮北矿业(集团)有限责任公司、永城煤电控股集团有限公司、河南神火集团有限公司、永贵能源开发有限责任公司、义马煤业集团股份有限公司的大力支持和帮助。中国矿业大学王恩元教授、华北科技学院陈学习教授对本书的科学研究工作给予了热情指导和帮助,国家自然科学基金、河北省自然科学基金对本书的研究工作给予了资助,在此一并表示衷心感谢!

由于作者水平有限,书中难免有疏漏之处,恳请广大读者批评指正。

陈鹏　华北科技学院

2020 年 2 月

目　录

1　绪　　论

1.1　研究背景及意义

　　煤炭是我国重要的战略资源,在我国的一次能源消耗中占有重要地位,2025年的煤炭需求仍将达到 28 亿 t,占我国一次能源消费结构的 50% 左右[1],以煤为主的能源格局短期内不会发生变化,"煤为基础、多元发展"是我国能源发展的指导方针[2]。因此煤矿安全问题始终是重中之重。根据国家煤矿安全监察局公布数据[3],2019 年全国原煤产量 38.5 亿 t,全国煤矿发生死亡事故 170 起、死亡316 人,同比分别下降 24.1% 和 5.1%;百万吨死亡率 0.083,同比下降 10.8%。全年发生了 27 起瓦斯事故,其中较为典型的煤与瓦斯突出事故有:湖南省兴隆煤矿"5·28"较大事故、贵州省三甲煤矿"11·25"较大事故、贵州省广隆煤矿"12·16"重大事故,说明煤与瓦斯突出防治工作仍然任重道远,需要在理论、技术、装备、方法上进行攻关和创新。

　　我国煤矿大部分为井工开采,随着浅部资源逐渐枯竭,开采活动向深部延深,许多矿井埋深达 800~1 500 m。深部开采过程中许多灾害随之而来,瓦斯、水、火、顶板、高温等灾害对井下安全生产的威胁极大。其中瓦斯被称为煤矿安全生产的"第一杀手"[4-5],瓦斯事故的表现形式主要为瓦斯爆炸、瓦斯突出和瓦斯窒息等。其中瓦斯爆炸和瓦斯突出是目前我国煤矿常见的两种最主要的瓦斯灾害,具有非常大的破坏性,易造成群死群伤及严重的矿井破坏。

　　影响突出发生的主要因素有地应力、煤层瓦斯压力、煤体物理力学性质和地质构造等。瓦斯突出表现为大量煤体和瓦斯气体短时间内涌入采掘空间,造成煤流埋人、瓦斯窒息、巷道摧毁,甚至引起瓦斯爆炸,严重制约了矿井的安全生产,并造成不良的社会影响。

　　随着煤矿开采深度和开采强度的增大,煤层原始瓦斯压力和瓦斯含量增大,加之复杂的地应力场(主要为构造应力场)、采动应力场、裂隙场等多场耦合作用,煤层突出危险性也在增加,突出危险区不断扩大,部分原来无突出危险性的煤层开始出现动力现象,有突出危险性的煤层突出更加严重。瓦斯突出灾害已经成为制约一些大型煤业集团安全高效生产的关键性因素。《防治煤与瓦斯突出细则》[6]第六条明确提出:防突工作必须坚持"区域综合防突措施先行、局部综合防突措施补充"的原则。突出矿井采掘工作做到不掘突出头、不采突出面。因此,区域瓦斯治理是今后瓦斯治理的方向。

国内外开采突出煤层的实践表明,突出灾害的发生具有明显的区域分布特征,即突出只发生在煤层中的某些地带(被称为区域分布或带状分布)[7-8]。在属于突出危险煤层中有潜在突出危险的区域仅占 $10\% \sim 30\%$[9],无疑为研究突出的预测提供了丰富的想象空间。如果在突出危险煤层开采过程中,大面积地实施防突措施,势必造成资源浪费,影响采掘效率,如何准确地进行突出区域预测和划分,圈定重点防控区域,做到有的放矢,是突出区域预测的重点和难点。

各产煤国投入了大量的人力、物力和财力对煤与瓦斯突出区域预测技术进行了广泛而深入的研究,研究成果得到了较为广泛的推广应用,并给突出矿井带来了良好的经济效益和社会效益。但是由于煤岩体物理力学性质的非线性、破坏形式的多样性、瓦斯赋存和运移的复杂性以及地质构造的不确定性[10],问题还远未得到解决。这也是摆在研究人员面前的一个现实而严峻的课题。因此急需寻求一种新的方法和技术弥补这些缺陷,这项工作非常必要,符合《安全生产"十三五"规划》[11]的重大理论和技术需求,也是《防治煤与瓦斯突出细则》[6]中两个"四位一体"综合预防措施和煤矿安全生产的重大需求。发展有效的突出危险性区域预测或探测技术方法,对于提前做好突出危险性的区域防治工作,保障矿井生产本质安全具有重要的理论意义和实用价值,对于其他煤岩动力灾害的防治也具有重要的参考作用。

在地球物理研究领域,电法勘探尤其是矿井直流电法勘探技术近年来取得了飞速的发展[12]。主动式直流电法属于人工场源直流电决,也叫直流电阻率法,是以介质的电阻率为探测对象的一种典型勘探方法,在理论上比较完善,资料解释比较简单,技术和装备较为成熟,对地质异常体分辨能力较强[13]。网络并行电法作为主动式直流电法的典型代表,在矿井物探及安全生产领域得到了广泛的应用[14],其探测成果已直接或间接地应用于矿井安全领域。

本书就是在这种背景下,提出将主动式直流电法技术手段应用于瓦斯突出危险性区域探测中。依靠直流电法范畴内的网络并行电法技术及装备,研究煤与瓦斯突出区域危险性的电法响应规律,并进行现场应用。这将对高效、准确探测煤层区域突出危险性具有很重要的意义,为煤与瓦斯区域突出危险性探测提供新的技术手段,对于促进煤田地球物理勘探技术的应用和发展具有重要意义,对于其他煤岩动力灾害的区域性探测和评价也具有重要的参考作用。

1.2　研究现状

1.2.1　常规区域预测方法研究

根据《防治煤与瓦斯突出细则》规定[6],煤层突出危险性预测分为区域突出危险性预测和工作面突出危险性预测,突出煤层经区域预测后可划分为突出危险区和无突出危险区,在突出危险区域内,工作面进行采掘前,应进行工作面预测。可见,区域预测是区域防突的首要工作,也是最基础、最重要的预测方法,直接关系到煤层突出危险性的定性、煤层突出危险区域的划分以及管理方法,并最终关系到矿井的安全生产与技术经济指标。因此,许多学者对区域预测技术进行了大量的研究。

常规区域预测方法可总结为以下几种:

(1)煤层瓦斯参数结合瓦斯地质分析法

《防治煤与瓦斯突出细则》[6]对区域预测方法做出了要求,指出"区域预测一般根据煤层瓦斯参数结合瓦斯地质分析的方法进行,也可以采用其他经试验证实有效的方法"。煤层瓦斯参数结合瓦斯地质分析的区域预测方法按照下列要求进行:

1)煤层瓦斯风化带为无突出危险区。

2)根据已开采区域确切掌握的煤层赋存特征、地质构造条件、突出分布的规律和对预测区域煤层地质构造的探测、预测结果,采用瓦斯地质分析的方法划分出突出危险区。当突出点或者具有明显突出预兆的位置分布与构造带有直接关系时,则该构造的延伸位置及其两侧一定范围的煤层为突出危险区;否则,在同一地质单元内,突出点和具有明显突出预兆的位置以上 20 m(垂深)及以下的范围为突出危险区。

3)在第一项划分出的无突出危险区和第二项划分的突出危险区以外的范围,应当根据煤层瓦斯压力 p 和煤层瓦斯含量 W 进行预测。预测所依据的临界值应当根据试验考察确定,在确定前可暂按表 1-1 预测。[15]

表 1-1　根据煤层瓦斯压力或瓦斯含量进行区域预测的临界值

瓦斯压力 p/MPa	瓦斯含量 W/(m³/t)	区域类别
$p<0.74$	$W<8$(构造带 $W<6$)	无突出危险区

（2）瓦斯地质单元法

瓦斯地质单元法是由焦作矿业学院瓦斯地质研究室提出来的，自 1977 年以来他们一直用瓦斯地质的观点来研究煤与瓦斯突出。通过对湘、赣、豫三省 12 个矿区 61 对突出矿井进行的研究，提出了瓦斯地质区划理论，认为突出的分布是不均衡的，具有分区分带的特点；瓦斯突出的分区分带与地质条件有密切的关系。地质因素的分区分带控制突出的分区分带，进而通过地质因素的区域划分来预测突出区带。彭立世等在瓦斯地质区划的基础上提出了用地质观点进行突出预测的方法，即瓦斯地质单元法[16]。这种方法根据地质构造、煤层厚度及其变化、煤体结构和煤层瓦斯等瓦斯地质参数，把煤层按照突出危险程度划分为不同的瓦斯地质单元，从而实现突出的区域预测。

对于瓦斯地质单元的含义许多学者从预测煤与瓦斯突出危险性的角度进行了深入的研究，曹运兴[17]认为瓦斯地质单元是对某一区域瓦斯地质认识的综合，为该区域瓦斯地质特征的集中体现，是根据煤体和瓦斯是否具有突出危险性所划分的理想空间范围。杨陆武等[18]指出瓦斯地质单元法是以"综合假说"为理论基础，以地质分析为依据，以实验模拟为参照，运用可信的瓦斯地质指标预测煤与瓦斯突出。近年来，河南理工大学张子敏、张玉贵等对瓦斯地质规律与瓦斯预测[19]、瓦斯地质图的编制[20]、瓦斯地质单元法的应用[21]、构造煤演化[22]、煤层区域性分布规律[23]等进行了深入的研究，取得了丰富的研究成果。

（3）地质动力区划方法

国立莫斯科矿业大学地球动力研究中心巴杜金娜教授、佩图霍夫教授创立了地质动力区划方法，它主要是根据地形地貌的基本形态和主要特征决定于地质构造形式的原理，通过对地形地貌的分析，查明区域断裂的形成与发展，预测可能产生的地质动力效应。在苏联的库兹巴斯、顿巴斯、瓦尔库达、卡拉干达矿区，在戈尔多里、北乌拉尔、那里里斯克金属矿区均开展过地球动力区划工作，同时在圣彼得堡—莫斯科—革米洛洼铁路，乌林戈—萨拉多夫石油管线及乌鲁木系金油田开展地质动力区划研究。

辽宁工程技术大学张宏伟、段克信教授将地质动力区划方法应用于岩体应力状态研究与矿井动力现象区域预测[24-25]。在"十五"国家重点科技攻关项目"煤与瓦斯突出区域预测的地质动力区划和可视化技术"中[26]，淮南矿业（集团）有限责任公司潘一矿、谢一矿进行了地质动力区划研究，在查清各级活动断裂、划分断块和评估其相互作用的基础上,确定了矿区现今构造运动的地质构造格架,评估了构造应力场、断裂活动性和煤与瓦斯突出显现趋势,在国内外首次应用多因素模式识别概率预测方法完成了煤与瓦斯突出危险性的区域预测工作,开辟了煤与瓦斯突出区域预测和防治新的研究方向。

（4）地质统计法

大量实际观测资料和研究成果表明,地质构造尤其是断层构造是控制突出分区分带的主导性地质因素[27-29]。进行地质统计法预测的原理是根据已采区域突出点的分布,分析其与地质构造（包括褶曲、断层、煤层赋存条件变化、火成岩侵入情况等）的关系,结合未采区域的可能存在的地质构造条件来预测突出发生的范围。不同矿区控制突出的地质构造类型和主控因素是不同的,某些矿区的突出主要受断层的控制[30],某些矿区则主要受褶曲或煤厚变化控制[31],有些可能受构造应力场及其演化作用的控制[32]。因此,各矿区可根据已采区域主要控制突出的地质构造因素来预测未采区域的突出危险性。

1.2.2　地球物理方法预测突出研究

瓦斯突出煤体作为一种气固结合的地质体,从生成开始就不断向周围发射大量的信息,表现为压力的传递、瓦斯气体的运移等。在发射信息的过程中产生磁场、电场和热场等。瓦斯突出动力现象在孕育、发生和发展过程中也产生声、光、电等多种形式的能量辐射。

何继善、吕绍林[33]认为,瓦斯突出的实质就是气固结合的地质体受地应力和瓦斯压力的综合作用下在时间与空间上体现出来的地球物理场。王恩元、何学秋等[34]也指出,在煤岩动力灾害过程中存在多种物理力学响应,涉及力学过程、力学响应、物性及电性参数变化和地球物理场等。国内外从事地球物理与瓦斯突出预测研究的学者们进行了大量的地球物理方法预测突出的有益尝试,并取得了诸多研究成果,从地球物理方法的原理来看,可分为被动场方法和主动场方法,所谓被动场方法即被动接收煤岩体产生的地球物理信号,也可称为天然场方法;主动场方法即主动发射一个物理场,经煤岩介质传递后再进行接收,也可称为人工场方法。下面分别进行阐述。

1.2.2.1　被动场方法

（1）电磁辐射法

煤与瓦斯突出等煤岩动力灾害的发生,主要与煤岩材料的性质及其外力的作用有关,是含孔隙流体煤岩剧烈变形破坏过程。电磁辐射作为煤岩体受载变形破裂过程向外释放的一种电磁能量,其与煤岩体的受载状态及变形破裂过程是密切相关的[34]。目前,用电磁辐射预测煤与瓦斯突出等煤岩动力灾害的方法发展迅速,正受到研究者的密切关注,并在煤矿现场得到了广泛的应用。

在电磁辐射研究初期,国内外学者对岩石破裂过程电磁辐射现象关注较多,Nitson、Ogaw、Brady、Cress、Yamada、Frid[35]、Airuni、Хамиащвили 等国外学者对井下煤岩电磁辐射现象进行了研究。其中 Frid[35] 现场研究了煤的物理力学状态、受力状态及瓦斯等对工作面电磁辐射强度的影响,认为煤岩破裂电磁辐射方法可以进行煤岩与瓦斯突出预测。

从 20 世纪 90 年代开始,中国矿业大学何学秋[36-38]、刘明举[39-40]、王恩元[41-45]等学者对受载煤岩体变形破裂过程电磁辐射特征及规律进行了大量研究,结果表明,受载煤岩体变形破裂过程中产生的电磁辐射信号与载荷成正相关关系,与瓦斯压力成较好的正相关关系。根据煤岩电磁辐射机理、实验数据、理论模型,工程师们研制出 KBD5 型煤与瓦斯突出电磁辐射监测仪和 KBD7 型煤岩动力灾害非接触电磁辐射监测仪,并应用于煤与瓦斯突出、冲击矿压等灾害的监测预报[46]。这是矿井煤岩动力灾害预测技术上的一次飞跃,实现了煤岩动力灾害的非接触动态预测。

（2）声发射法

煤和岩石内部存在大量的孔隙裂隙等固有缺陷,煤岩变形及破坏的结果就是裂隙的产生、扩展及汇合贯通,裂隙的产生和扩展都将以弹性应力波的形式向外产生能量辐射[47],赵洪宝、尹光志[48]建立了基于含瓦斯煤岩声发射特性的损伤方程,此外孔隙气体的渗流、吸附/解吸也能产生声发射[49-50]。国外有美国、俄罗斯、加拿大、日本、英国、法国、波兰等国家进行了 AE 技术研究,在我国,平顶山矿务局从俄罗斯引进了声发射监测系统,用于突出预报试验研究。煤炭科学研究总院重庆分院[47,51]自行研制开发了 AEF-1 型声法射监测系统,并进行了工业性试验。一些学者陆续进行了声发射法监测预报瓦斯突出的尝试,但目前来看声发射法还存在一定问题,主要体现在仪器信号的接收、转换复杂,传感器与煤体的耦合困难[52]。随着突出机理的深入研究和声发射技术的发展,利用声发射技术进行突出预测可望获得重大突破。

（3）微震监测法

煤岩体受力破坏过程中,会发生破裂和震动并发出震波或声波,当震波的频率和强度达到一定数值时,可能出现煤体的突然破坏,进而引发突出[53]。研究表明,突出是由煤岩体连续多次断裂引起的,这些异常都可以被微震系统传感器接收并记录下来,因此微震法作为突出的预报方法,其前景是非常广阔的。

20 世纪 70 年代以来,美国、英国、俄罗斯等国家开始利用微震监测和确定突出可能发生的位置[54-56]。试验研究结果表明,低频多探头微震系统可以连续监测煤体预测冲击破坏以及可能发生突出的地点,高频率的微震系统可以用来监测各种类型的破坏。综合利用高频和低频微震技术不仅能够圈出突出可能发生的地点,还能预测突出的发生时间。利用微震技术预测矿井动力现象是一项很有前途的地球物理方法,国内的学者也在广泛开展微震预测瓦斯突出方面的研究,但多是利用微震数据域突出参数之间的对比分析,到目前为止还未见有使用微震技术成功进行瓦斯突出预测的报道。

（4）热辐射法

煤与瓦斯突出过程是一个热力耦合过程,其发生自始至终无不表现出热量的变化。煤体变形破裂过程煤体温度的变化可以作为预测煤与瓦斯突出的一个指标。利用煤体温度变化梯度进行煤与瓦斯突出的预测预报,是探索煤与瓦斯突出规律的一种新的途径。目前,国内外都进行了利用温度变化预测煤与瓦斯突出的工作,波兰和苏联自 20 世纪 60 年代起就采用钻孔中的温度与工作面煤壁温度差值作为预测指标进行突出预测。雷日科和耶列明按温度状况预测煤层近工作面地带的突出危险性,列依包尔斯基和库菲尔尼柯夫根据温度变化评价煤体的冲击危险性[54]。

在国内,中国矿业大学在这方面做了大量的研究工作,郭立稳、俞启香、蒋承林等学者[57-58]研究了（含煤体）破裂过程中及瓦斯突出过程中温度场的变化,马衍坤在现场连续测试了采动影响下煤层钻孔内的温度变化[59],这些研究为用温度或红外探测技术[60]预测突出危险性奠定了很好的基础。微波辐射和红外辐射都是热辐射,但与红外辐射相比又有穿透力强、信息丰富等优点,王恩元、王云刚等[61]研究了受载煤体变形破坏过程中的微波辐射规律以及热辐射机理等,并对微波遥感预测技术应用于煤岩动力灾害的预测预报进行了基础理论分析,总结了微波辐射效应的前兆规律,认为该技术是一种值得深入研究的煤岩动力灾害预警技术。

（5）煤体变形破裂表面电位效应

地电测量是一种常用的大地探测方法,在许多地球物理领域,诸如采矿、山体滑坡、堤坝探测等方面都有应用,希腊和日本也用该方法进行了地震预报和火山喷发等方面的动态监测[62-63]。同时,国内外许多学者对岩石破裂的电现象进行了大量的研究[64-65]。

中国矿业大学王恩元、李忠辉等[66-68]创新性地研究了受载煤体变形破裂表明电位现象,对表面电位效应、规律、影响因素及产生机理进行了理论和试验研究,并进行了煤体表面电位现场测试和分析等系统工作。这对进一步深入揭示煤体破裂的微观过程,评定现场煤体应力状态及其稳定性具有重要的意义,并提出了今后利用表面电位法对煤岩动力灾害进行监测预报的思路,为突出预测增加了新的手段和方法。

1.2.2.2　主动场方法

（1）地质雷达法

坑道地质雷达技术在国外早已普遍应用,主要在岩盐矿和石膏矿等均质高阻层中探测掘进工作面前方地质异常体和含水体。随着计算机技术及弱信号处理技术的发展,地质雷达技术在煤矿中的应用日益扩大,其探测煤层构造的优点是对于未揭露区域的地质构造能够实现超前预测,而且是非接触式预测,无须打钻[69]。

美国 Fowler[70]利用坑道雷达在煤层中进行构造探测,可探明 15 m 远的各种目标,并认为雷达信号较易穿透煤层。Kuhn[71]采用短脉冲雷达在煤层中进行构造探测。我国煤炭科学研究总院重庆分院自 20 世纪 70 年代以来开展地质雷达探测技术研究,在全国 20 多个矿井或工程部门进行了探测实践[72-73]。1995年又研制出探测瓦斯突出地质构造的地质雷达,即 KDL 系列,探测距离可达60 m 以上。

（2）脉冲超声波探测法

瓦斯突出煤体结构是含气多孔介质受到构造应力作用所表现出的煤体结构,煤体结构的破坏程度从本质上决定了煤体的物理力学性质的各向异性[74]。超声波是一种弹性波,弹性波在介质中的传播速度取决于介质的惯性,对于煤体来说主要取决于煤的密度、弹性模量和泊松比。瓦斯突出煤体与非突出煤体在密度和力学参数上存在着明显的差异,声波在其中传播速度必然不同[75-77],这就构成了利用超声波探测瓦斯突出煤体,进而预测瓦斯突出的理论基础。

苏联科学院地质研究所 1958 年在进行煤体破坏结构类型划分时,把顺煤层层理及垂直层理方向的弹性波速作为一个指标。美国 Hon、Yimko 等人在实验室研究了两种不同煤样的弹性波特征,以期利用其预测井下巷道的应力分布和巷道围岩变形特征[69]。吕绍林等[75-77]在实验室大量不同煤结构类型煤样超声波速度测试的基础上,建立了利用脉冲超声波预测瓦斯突出煤体的观测系统,在煤矿井下实施了煤壁和钻孔测试。利用超声波判别煤壁煤体结构类型准确率达90%以上。孔测能准确地测得煤壁深处沿钻孔的煤体结构分布情况,实施了掘进工作面前方未揭露区煤体结构类型的预测,达到了预测瓦斯突出的目的[78]。

（3）地震法

槽波地震在英、德等国家矿井中应用广泛,主要用来探测小构造、陷落柱、冲刷带等地质异常体。我国 1990 年自行研制了防爆数字地震仪,经现场试验证明,槽波地震法是进行采煤工作面构造探测的有效手段[79]。煤炭科学研究总院重庆分院左德塈等[80]利用槽波地震法探测了煤层中的不连续构造,探测准确率达 80%以上,透视法探测距离达 450 m,反射法可确定 180 m 远处的断层位置,取得了明显的地质效果,通过对探测的构造进行瓦斯地质分析,可判断探测区域内煤层突出危险性情况。

地震勘探技术的发展及其在煤田的广泛应用,使利用地震资料预测煤层瓦斯突出区成为煤与瓦斯突出预测方法研究的重要领域,为煤与瓦斯突出非接触式预测提供了技术手段。赵秋芳[81]重点研究了煤层突出危险性与震波参数的关系,提出了以煤层固有频率和品质因子 Q 值为指标的突出预测新方法,并在祁东矿进行了验证。彭苏萍等[82]以煤层瓦斯富集地质理论为基础,提出了以煤层割理裂隙为探测目标的煤层瓦斯富集区地震 AVO 技术预测理论,初步证实了应用 AVO 技术预测煤层瓦斯富集部位的可行性。

(4) 无线电波透视法

无线电波透视技术是根据煤层中的地质构造介质界面对电磁波产生反射、折射等现象后造成电磁波的能量发生损耗、场强发生变化这一物理现象而提出的[69],它主要用于探测采煤工作面内陷落柱、断层、煤厚变薄带等构造。

吕绍林、何继善[83]在研究突出煤体和非突煤体的电学性质的基础上,研究了突出煤层的无线电波响应特征,为应用无线电波透视技术探测突出煤体和进行突出带的非接触式预测提供了理论基础。汤友谊研究了无线电波透视瓦斯突出煤体的物性前提,并研究了电磁波在瓦斯突出煤层中传播时的电性响应[84],还进行了无线电波技术透视构造煤的尝试[85]。吴燕清[86]从无线电波仪器及算法角度出发,研究出了 E 型突出煤层电磁波透视系统,并在平煤十矿戊$_{9-10}$20150和戊$_{9-10}$20100 采面进行了突出区域划分;何继善等[33]用无线电波透视技术在平煤八矿戊$_{9-10}$14121 工作面进行了研究,结果表明利用无线电波技术探测突出煤体并结合瓦斯地质理论对工作面进行突出区域划分是完全可行的;文光才[87]、康建宁[88]进行了无线电波技术透视煤层突出危险性机理方面的研究,建立了一套包括指标敏感性分析、临界值确定的无线电波透视煤层突出危险性的方法,并在平煤十矿进行了现场验证。

除了以上列举的地球物理方法以外,电阻率指标也可用来预测煤岩动力灾害,中国矿业大学葛宝堂等[89]研究了岩体电阻率与岩体应力、应变关系,利用岩体电阻率观测技术预报顶板失稳动力现象;俄罗斯地质工程师卡纳提出用电阻率 lg ρ=3.2 作为区域瓦斯突出预测指标,说明煤体电阻率和突出之间应存在某种必然的联系,但这种方法在中国国内还未见应用[90]。

1.2.3 煤体电阻率与突出危险性的关系研究

电阻率的差异性是利用电法勘探技术进行异常体探测的物性基础,也是电法勘探的主要参数,因此对勘探对象电阻率的研究尤为重要[12-13]。一个多世纪以来,各国专家学者采取各种各样的方法对煤与瓦斯突出机理进行研究,提出了数十种假说,其中较为公认的仍为综合作用假说[90],这一假说认为突出是地应力、瓦斯压力和煤的物理力学性质等因素共同作用的结果,较为全面地考虑了突出的动力和阻力作用,因而得到国内外学者的普遍认可。康建宁等[91]采用理论和实验相结合的方法,对煤的电性参数(电阻率和介电常数)随突出三要素变化进行了定性或定量研究,说明煤的电阻率一定程度上能够反映突出危险性。下面分别论述突出三要素与煤电阻率的关系。

(1)地应力

在采掘过程中,煤体处于地应力场和采动应力场的耦合作用下[92],时-空演化规律十分复杂,因此,一些学者对受载煤体的电阻率进行了研究。

吕绍林[93]进行了模拟储层条件瓦斯突出煤体的电性参数测试实验,利用数字式双频激电仪对不同围压条件煤样电阻率进行了测试;文光才[87]利用 Q 表对不同的煤样在不同应力条件下的电阻率进行了测试,并进一步利用无线电波技术透视煤层突出危险性;李忠辉[66]利用 Resitest-4000 电阻率测试仪对大尺度煤体进行了加载过程中电阻率测试实验;刘贞堂等[94]利用 MT 4080 LCR 表对干燥和湿润两种煤样单轴压缩过程中的电阻率进行了测试;王云刚等[95]利用 4263B LCR 表研究了构造软煤(型煤)单轴压缩条件下的电阻率特征,与原生结构煤进行了对比分析,并利用 Resitest-4000 电阻率测试仪对大尺度有冲击倾向性煤体进行了单轴压缩实验[96];杨耸[97]建立了含瓦斯煤体低频电性参数测试实验系统,利用 4263B LCR 表测试了受载状态下含瓦斯与不含瓦斯煤体电阻率的特征和变化规律。吕绍林、何继善等[98]研究了不同围压条件下煤样的电阻率变化规律,研究表明不同矿区煤样的电阻率受外力影响的程度差异性很大。

文光才[87]和康建宁等[88-99]在研究地应力与煤的电阻率关系时认为,煤体承受高应力时,其离子导电性会导致电阻率升高,而电子导电性会导致电阻率降低,不能简单地说地应力使得煤体电阻率升高还是降低,要针对具体煤样进行具体实验分析研究。

(2)瓦斯压力

煤是一种孔隙、裂隙发育的固体介质,孔隙表面对瓦斯气体的吸附性越强,瓦斯压力越高,吸附瓦斯压力和游离瓦斯压力的共同作用会导致煤的结构性质发生改变,煤体骨架会产生变形甚至破坏[100-102],瓦斯的存在会改变煤体电阻率大小。

徐龙君等[103]对四川白胶无烟煤进行了充瓦斯实验,对瓦斯吸附平衡后的煤体电阻率进行了测试,发现无论是在直接电场还是在交流电场中,煤体电阻率均随着瓦斯压力的升高而减小,测试得到的电阻率还具有分形特征;文光才[87]

在 0～6 MPa 瓦斯压力范围内,对取自不同地点的 7 个煤样进行了 45 次电阻率测定,对吸附平衡的煤体电阻率和吸附瓦斯压力进行了拟合,其中 4 个煤样的电阻率随吸附瓦斯压力的升高而减小,与文献[103]中实验规律一致,另外 3 个煤样的电阻率随吸附瓦斯压力的升高而增大;杨笪[97]对不同矿区的型煤和原煤进行了瓦斯吸附实验,在 0.8 MPa 瓦斯压力下测试分析了煤体吸附瓦斯过程中的电阻率变化规律,发现烟煤和无烟煤在含瓦斯环境下电阻率都呈下降趋势。吕绍林、何继善等[98]认为,瓦斯压力和瓦斯含量对煤体电阻率的影响规律是一致的,研究了瓦斯含量对突出煤导电性的影响,结果发现白沙矿区煤样和焦作矿区煤样随瓦斯含量的不同表现出截然不同的特征,并不是单一的正相关或者负相关关系。

(3) 煤的物理力学性质

物理力学性质是煤岩材料固有的力学性质,在相同地质条件和开采条件下,煤层发生突出,是由煤体的固有物理力学性质差异性造成的[104]。一定的构造物理环境(包括构造组合、构造介质、构造应力场和构造带瓦斯)下[105],煤层结构发生遭到严重破坏,形成软分层(构造煤),极易发生突出。

文光才[87]对平煤十矿的构造煤和非构造煤的电性参数进行了对比实验,发现非构造煤的电阻率是构造煤电阻率的 5.39 倍;吕绍林、何继善[106]针对瓦斯突出煤体的导电性质进行了专门研究,认为瓦斯突出煤体原生带状结构遭到破坏,宏观上表现出颗粒状、鳞片状、土状或块状及透镜状的结构,煤体内部的应力条件、孔隙条件和强度条件有利于瓦斯的富集,因此,结构和含气条件的不同使得瓦斯突出煤体和非突出煤体相比具有不同的电性特征。经实验室大量的煤样测试表明,对无烟煤而言,瓦斯突出煤体电阻率是非突出煤体电阻率的 10 倍以上;而对于烟煤、气肥煤则恰恰相反,非突出煤体电阻率是突出煤体的 10 倍以上;汤友谊等[107]针对不同煤体结构类型的煤分层,利用 DZ-ⅡA 型防爆数字直流电法仪在淮南矿区进行了电阻率值的煤壁测试研究,对于淮南中低变质程度的烟煤而言,硬煤的视电阻率值一般约为构造软煤的 3.7 倍左右,同一煤体结构类型的煤分层,视电阻率值具有一定的规律;陈健杰等[108]使用 4263B 型 LCR 测试仪测试了中低频率下原生结构煤和构造煤的视电阻率,测试结果表明,在 1 kHz、10 kHz 和 100 kHz 测试频率下,构造煤的电阻率均小于原生结构煤的电阻率。

1.2.4　研究现状总结

正如前文所述,世界各国学者对突出危险性预测尤其是区域预测技术进行了广泛而深入的研究,取得了丰硕的研究成果,给矿井带来了良好的社会经济效益,但由于预测方法及技术装备的限制,有效地探测煤层区域突出危险性仍是一个难题，目前的研究还存在一些不足之处：

（1）对于常规区域，预测方法主要依靠井下巷道、钻孔揭露的地质资料和钻孔预测指标进行区域预测，由于钻孔测点布置范围有限，对于钻孔控制范围以外的区域难以进行准确探测。

（2）地球物理方法在突出危险性探测的应用方面，多以被动场方法及主动场中的无线电波等交流电法为主，在探测机理方面还需进行深入的研究。

（3）电阻率是电法勘探中最重要的参数之一，煤体电阻率与突出危险性的关系研究还多停留在实验现象和规律方面，还需深入揭示突出危险因素对煤体电阻率的作用机理、作用机制以及现场响应特征。

（4）电法勘探中的主动式直流电法已广泛应用于矿井物探领域，从理论、技术和装备来讲都比较成熟，但还未见有在煤与瓦斯突出区域危险性探测方面的研究和应用。

1.3　主要研究内容和思路

1.3.1　主要研究内容

（1）研究不同加载方式下不同煤体受载过程电阻率变化特征，分析煤体全应力-应变过程不同阶段电阻率变化规律。对瓦斯吸附/解吸过程煤体电阻率变化特征进行实时测试，揭示不同气体压力和不同吸附性能气体条件下煤体电阻率的响应规律。

（2）研究应力和瓦斯对煤体电阻率作用机制，揭示扩容现象和含瓦斯煤的力学特性对煤体电阻率的作用原理。

（3）建立煤与瓦斯突出模拟及并行电法测试实验系统，进行大尺度原煤试样实验和突出、压出模拟实验，研究煤与瓦斯突出时-空演化过程并行电法测试的图像特征、并行电法特征参数变化规律，并分析构造软煤视电阻率的响应特征。

（4）根据煤与瓦斯突出危险性的直流电法响应规律，提出直流电法探测区域突出危险性的技术思路及判识方法，利用网络并行电法技术进行现场试验和验证分析。

1.3.2　研究方法及技术路线

本书采用理论分析、实验室实验和现场应用、验证相结合的研究方法。研究思路及技术路线如图 1-1 所示。

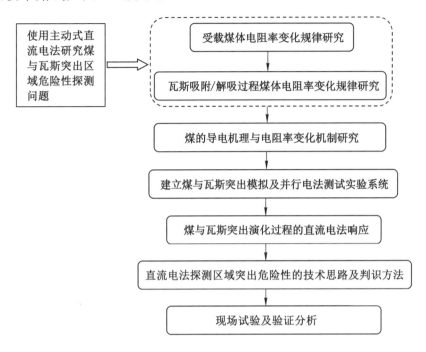

图 1-1 研究思路与技术路线

参考文献

[1] 谢和平,吴立新,郑德志.2025 年中国能源消费及煤炭需求预测[J].煤炭学报,2019,44(7):1949-1960.

[2] 王显政.抓住机遇,迎接挑战,促进煤炭工业健康可持续发展[J].中国煤炭,2007,33(6):5-7.

[3] 濮洪九.以科技创新推动中国煤炭工业转型升级发展[J].煤炭经济研究,2013,(5):5-8.

[4] 赵铁锤.认真落实"十六字工作体系"继续深化切实做好煤矿瓦斯治理工作[J].中国煤炭,2008,34(7):11-14.

[5] 袁亮,王伟,王汉鹏,等.巷道掘进揭煤诱导煤与瓦斯突出模拟试验系统[J].中国矿业大学学报,2020,49(2):205-214.

[6] 国家煤矿安全监察局.防治煤与瓦斯突出细则[M].北京:煤炭工业出版社,2019.

[7] XU T,TANG C,YANG T H,et al. Numerical investigation of coal and gas outbursts in underground collieries [J]. International journal of rock mechanics & mining sciences,2006,43(6):905-919.

[8] 焦作矿业学院瓦斯地质研究室. 瓦斯地质概论[M]. 北京:煤炭工业出版社,1990.

[9] 程五一,张序明,吴福昌. 煤与瓦斯突出区域预测理论及技术[M]. 北京:煤炭工业出版社,2005.

[10] 赵涛. 基于多因素概率预测的瓦斯突出预警方法研究[D]. 成都:成都理工大学,2007.

[11] 安全生产"十三五"规划[EB/OL]. (2017-02-03)[2019-09-08]http://www. gov. cn/xinwen/2017-02/03/content_5164987. htm.

[12] 程志平. 电法勘探教程[M]. 北京:冶金工业出版社,2007.

[13] 岳建华,刘树才. 矿井直流电法勘探[M]. 徐州:中国矿业大学出版社,2000.

[14] 孙希奎,许进鹏,刘盛东. 工作面底板突水的理论研究与远程监控[M]. 徐州:中国矿业大学出版社,2011.

[15] 张玉功,王魁军,范启炜. 北票矿区煤与瓦斯突出预测预报的研究与应用[J]. 煤矿安全,1991,22(1):17-22.

[16] 彭立世. 瓦斯地质研究现状及前景展望[J]. 焦作矿业学院学报,1995,14(1):5-7.

[17] 曹运兴. 瓦斯地质单元法预测瓦斯突出的认识基础与实践[J]. 煤炭学报,1995,20(增刊):76-78.

[18] 杨陆武,彭立世,曹运兴. 应用瓦斯地质单元法预测煤与瓦斯突出[J]. 中国地质灾害与防治学报,1997,8(3):21-26.

[19] 张子敏,张玉贵. 瓦斯地质规律与瓦斯预测[M]. 北京:煤炭工业出版社,2005.

[20] 张子敏,张玉贵. 三级瓦斯地质图与瓦斯治理[J]. 煤炭学报,2005,30(4):455-458.

[21] 杨德方,张子敏,张玉贵,等. 基于划分瓦斯地质单元的瓦斯赋存规律研究:以薛湖煤矿二₂煤层为例[J]. 河南理工大学学报(自然科学版),2008,27(4):386-390.

[22] ZHANG Y G,CAO Y X,XIE H B,et al. Morphological and structural features of tectonic coal[A]//Proceeding of the 10th international coal conference[C]. Taiyuan:Shanxi Science Press,1999:34-38.

[23] 张子敏,林又玲,吕绍林.中国煤层瓦斯分布特征[M].北京:煤炭工业出版社,1998.

[24] 段克信.北票矿区地质动力区划[J].煤炭学报,1995,20(4):337-341.

[25] 张宏伟.地质动力区划方法在煤与瓦斯突出区域预测中的应用[J].岩石力学与工程学报,2003,22(4):621-624.

[26] 张宏伟,李胜.煤与瓦斯突出危险性的模式识别和概率预测[J].岩石力学与工程学报,2005,24(19):3577-3581.

[27] SHEPHERD J,RIXON L K,GRIFFITHS L. Outbursts and geological structures in coal mines:a review[J]. International journal of rock mechanics and mining sciences & geomechanics abstracts,1981,18(4):267-283.

[28] 何俊,陈新生.地质构造对煤与瓦斯突出控制作用的研究现状与发展趋势[J].河南理工大学学报(自然科学版),2009,28(1):1-7,50.

[29] CAO Y X,HE D D,GLICK D C. Coal and gas outbursts in footwalls of reverse faults[J]. International journal of coal geology,2001,48(1/2):47-63.

[30] 刘咸卫,曹运兴.正断层两盘的瓦斯突出分布特征及其地质成因浅析[J].煤炭学报,2000,25(6):571-575.

[31] 韩军,张宏伟,霍丙杰.向斜构造煤与瓦斯突出机理探讨[J].煤炭学报,2008,33(8):908-913.

[32] 韩军,张宏伟,朱志敏,等.阜新盆地构造应力场演化对煤与瓦斯突出的控制[J].煤炭学报,2007,32(9):934-938.

[33] 何继善,吕绍林.瓦斯突出地球物理研究[M].北京:煤炭工业出版社,1999.

[34] 王恩元,何学秋,李忠辉,等.煤岩电磁辐射技术及其应用[M].北京:科学出版社,2009.

[35] FRID V. Rockburst hazard forecast by electromagnetic radiation excited by rock fracture[J]. Rock mechanics and rock engineering,1997,30(4):229-236.

[36] HE X Q,CHEN W X,NIE B S,et al. Electromagnetic emission theory and its application to dynamic phenomena in coal-rock [J]. International journal of rock mechanics & mining sciences,2011,48(8):1352-1358.

[37] HE X Q,NIE B S,CHEN W X,et al. Research progress on electromagnetic radiation in gas-containing coal and rock fracture and its applications

[J]. Safety science,2011,50(4):728-735.

[38] 何学秋,刘明举.含瓦斯煤岩破坏电磁动力学[M].徐州:中国矿业大学出版社,1995.

[39] LIU M J,HE X Q. Electromagnetic response of outburst-prone coal[J]. International journal of coal geology 2001,45(2):155-162.

[40] 刘明举.含瓦斯煤断裂电磁辐射及其在煤与瓦斯突出研究中的应用[D].徐州:中国矿业大学,1994.

[41] 王恩元.含瓦斯煤破裂的电磁辐射和声发射效应及其应用研究[D].徐州:中国矿业大学,1997.

[42] SONG D Z,WANG E Y,LIU J. Relationship between EMR and dissipated energy of coal rock mass duringcyclic loading process[J]. Safety science,2012,50(4):751-760.

[43] WANG E Y,HE X Q,WEI J P,et al. Electromagnetic emission graded warning model and its applications against coal rock dynamic collapses [J]. International journal of rock mechanics and mining sciences,2011,48(4):556-564.

[44] 王恩元,何学秋,窦林名,等.煤矿采掘过程中煤岩体电磁辐射特征及应用[J].地球物理学报,2005,48(1):216-221.

[45] 王恩元,何学秋,聂百胜,等.电磁辐射法预测煤与瓦斯突出原理[J].中国矿业大学学报,2000,29(3):225-229.

[46] 王恩元,何学秋,刘贞堂,等.煤岩动力灾害电磁辐射监测仪及其应用[J].煤炭学报,2003,28(4):366-369.

[47] 邹银辉,赵旭生,刘胜.声发射连续预测煤与瓦斯突出技术研究[J].煤炭科学技术,2005,33(6):61-65.

[48] 赵洪宝,尹光志.含瓦斯煤声发射特性试验及损伤方程研究[J].岩土力学,2011,32(3):667-671.

[49] 马衍坤,王恩元,李忠辉,等.煤体瓦斯吸附渗流过程及声发射特性实验研究[J].煤炭学报,2012,37(4):641-646.

[50] 宋大钊,王恩元,赵恩来,等.煤体充放瓦斯连续循环过程声发射特性研究[J].煤炭科学技术,2009,37(11):14-17.

[51] 石显鑫,蔡栓荣,冯宏,等.利用声发射技术预测预报煤与瓦斯突出[J].煤田地质与勘探,1998,26(3):61-66.

[52] 田时秀.声发射监测在煤与瓦斯突出中的应用[J].应用声学,1993,12(2):1-8.

［53］窦林名,何学秋.采矿地球物理学[M].北京:中国科学文化出版社,2002.

［54］樊栓保.国内外煤与瓦斯突出预测的新方法[J].矿业安全与环保,2000,27 (5):17-19.

［55］MCKAVANAGH B M, ENEVER J R. Developing a microseismic outburst warning system[C]//Proceedings of Second Conference on Acoustic Emission/Microseismic Activity in Geological Structures and Materials. Trans Tech Publications,1980.

［56］DAVIES A W,STYLES P,JONES V K. Developments in outburst prediction by microseismic monitoring from the surface [J]. Mining engineering,1987,147:486-498.

［57］郭立稳,俞启香,蒋承林,等.煤与瓦斯突出过程中温度变化的实验研究 [J].岩石力学与工程学报,2000,19(3):366-368.

［58］郭立稳,蒋承林.煤与瓦斯突出过程中影响温度变化的因素分析[J].煤炭 学报,2000,25(4):401-403.

［59］马衍坤.含瓦斯煤层多参数实时监测及其应用研究[D].徐州:中国矿业大 学,2012.

［60］赵庆珍.红外探测技术用于预测煤与瓦斯突出的试验[J].采矿与安全工程 学报,2009,26(4):529-533.

［61］王恩元,王云刚,李忠辉,等.受载煤体变形破裂微波辐射前兆规律的实验 研究[J].地球物理学报,2011,54(9):2429-2436.

［62］VAROTSOS P,SARLIS N,EFTAXIAS K,et al. Review on the statistical significance of VAN predictions[J]. Physics and chemistry of the earth part A:Solid earth and geodesy,1999,24(2):111-114.

［63］VAROTSOS P,ALEXOPOULOS K,LAZARIDOU M. Latest aspects of earthquake prediction in Greece based on seismic electric signals,Ⅱ[J]. Tectonophysics,1993,224(1/2/3):1-37.

［64］吴小平,施行觉,郭自强.花岗岩压缩带电的实验研究[J].地球物理学报, 1990,33(2):208-211.

［65］TAKEUCHI A,LAU B W S,FREUND F T. Current and surface potential induced by stress-activated positive holes in igneous rocks[J]. Physics and chemistry earth,Parts A/B/C,2006,31(4/5/6/7/8/9):240-247.

［66］李忠辉.受载煤体变形破裂表面电位效应及其机理的研究[D].徐州:中国 矿业大学,2007.

［67］李忠辉,王恩元,刘贞堂,等.煤岩破坏表面电位特征规律研究[J].中国矿

业大学学报,2009,38(2):187-192.

[68] 王恩元,李忠辉,刘贞堂,等.受载煤体表面电位效应的实验研究[J].地球物理学报,2009,52(5):1318-1325.

[69] 吕绍林.地球物理方法预测瓦斯突出研究综述[J].焦作工学院学报,1997,16(2):95-100.

[70] FOWLER C. Application of the formation detection with radar[J]. Mining engineering,1981(8):1266-1270.

[71] 崔凡,耿晓航,俞慧婷,等.基于探地雷达的煤层小构造超前探测[J].煤矿安全,2019,50(5):153-157.

[72] 王连成.地质雷达探测矿井地质小构造[J].世界煤炭技术,1993(10):27-32.

[73] 王连成,高克德,李大洪,等.地质雷达探测掘进工作面前方瓦斯突出构造[J].煤炭科学技术,1997,25(11):13-16.

[74] 杨陆武.煤休结构类型的力学特征[D].焦作:焦作矿业学院,1993.

[75] 吕绍林.孔测超声波仪预测煤体结构的理论基础[J].焦作矿业学院学报,1995,14(1):54-59.

[76] LU S L,HE J S. Ultrasonic characteristics of the disturbed coal mass[J]. Journal of Central South University of Technology,1997,4(1):42-45.

[77] 吕绍林.超声波探测瓦斯突出煤体[J].煤炭工程师,1997,24(3):15-18.

[78] 孙立广,施行觉,倪守斌.超声波探测在构造地质研究中的初步应用[J].地质与勘探,1992,28(2):36-40.

[79] 戚敬华.煤矿地质灾害的弹性波探测技术[J].煤田地质与勘探,1992,20(6):51-57.

[80] 左德塑,马超群,李新田,等.槽波地震法探测煤层的不连续构造[J].煤炭科学技术,1986,14(3):18-22.

[81] 赵秋芳.煤层震波参数测试与研究[D].淮南:安徽理工大学,2005.

[82] 彭苏萍,高云峰,杨瑞召,等.AVO探测煤层瓦斯富集的理论探讨和初步实践:以淮南煤田为例[J].地球物理学报,2005,48(6):1475-1486.

[83] 吕绍林,何继善.瓦斯突出煤层的无线电波响应特征[J].物探与化探,1998,22(3):222-226.

[84] 汤友谊,陈江峰,李云霞,等.瓦斯突出煤体探测的物性前提及应用[J].焦作工学院学报(自然科学版),2000,19(6):407-410.

[85] 汤友谊,陈江峰,彭立世.无线电波坑道透视构造煤的研究[J].煤炭学报,2002,27(3):254-258.

[86] 吴燕清.地下电磁波探测及应用研究[D].长沙:中南大学,2002.

[87] 文光才.无线电波透视煤层突出危险性机理的研究[D].徐州:中国矿业大学,2003.

[88] 康建宁.电磁波探测煤层突出危险性指标敏感性研究[D].北京:煤炭科学研究总院,2003.

[89] 葛宝堂,李德春.岩体电阻率观测技术预报顶板失稳的前景[J].中国矿业大学学报,1993,22(2):48-52.

[90] ХОДОТ В В. 煤与瓦斯突出[M].宋士钊,王佑安,译.北京:中国工业出版社,1966.

[91] 康建宁,黄学满.煤的电性参数与瓦斯突出危险性之间关系研究[J].煤炭科学技术,2005,33(1):56-59.

[92] 康红普.煤矿井下应力场类型及相互作用分析[J].煤炭学报,2008,33(12):1329-1335.

[93] 吕绍林.瓦斯突出地球物理场研究[D].长沙:中南工业大学,1997.

[94] 刘贞堂,贾迎梅,王恩元,等.受载煤体电阻率变化规律研究[J].中国煤炭,2008,34(11):47-49.

[95] 孟磊,刘明举,王云刚.构造煤单轴压缩条件下电阻率变化规律的实验研究[J].煤炭学报,2010,35(12):2028-2032.

[96] 王云刚.大尺度冲击性煤体电阻率变化规律的实验研究[J].南华大学学报(自然科学版),2010,24(2):15-18.

[97] 杨耸.受载含瓦斯煤体电性参数的实验研究[D].焦作:河南理工大学,2012.

[98] 吕绍林,何继善,李舟波.模拟储层条件下突出煤的导电性质研究[J].世界地质,2000,19(1):78-81.

[99] 康建宁.煤的电导率随地应力变化关系的研究[J].河南理工大学学报,2005,24(6):430-433.

[100] MA Y K, WANG E Y, XIAO D, et al. Acoustic emission generated during the gas sorption-desorption process in coal[J]. International journal of mining science and technology,2012,22(3):391-397.

[101] HARPALANI S. Estimation of changes in fracture porosity of coal with gas emission[J]. Fuel,1995,74(10):1491-1498.

[102] WANG G X, WEI X R, WANG K, et al. Sorption-induced swelling/shrinkage and permeability of coal under stressed adsorption/desorption conditions[J]. International journal of coal geology,2010,83(1):46-54.

［103］徐龙君,鲜学福,刘成伦,等.一种充甲烷无烟煤导电特性的研究［J］.重庆大学学报（自然科学版）,1999,22(5):133-137.

［104］李远红.煤岩物理力学性质对煤与瓦斯突出的影响研究［J］.煤炭技术,2011,30(10):105-106.

［105］郭德勇,韩德馨,王新义.煤与瓦斯突出的构造物理环境及其应用［J］.北京科技大学学报,2002,24(6):581-584.

［106］吕绍林,何继善.瓦斯突出煤体的导电性质研究［J］.中南工业大学学报,1998,29(6):511-514.

［107］汤友谊,孙四清,郭纯,等.不同煤体结构类型煤分层视电阻率值的测试［J］.煤炭科学技术,2005,33(3):70-72.

［108］陈健杰,江林华,张玉贵,等.不同煤体结构类型煤的导电性质研究［J］.煤炭科学技术,2011,39(7):90-92,101.

2 受载煤体电阻率变化规律研究

煤一般属于或接近半导体,在外加电压的作用下也会有电流通过,因此可当作电介质来研究。煤的众多物理化学性质中,电性质是其中的一项重要性质。许多领域均涉及煤电性质的研究。煤的电性质主要包括导电性和介电特性。常用煤的电阻率 $\rho/(\Omega \cdot m)$ 或者电导率(也叫导电率) $\gamma/(\Omega^{-1} \cdot m^{-1})$ 衡量煤传导电流的能力,主动式直流电法就是以介质电阻率为勘探对象的方法,因此煤体的电阻率也是本书的主要研究对象。

应力是造成井下煤岩变形破坏的根本驱动力,随着煤矿开采深度不断增加,地应力也越来越大,井下应力场环境发生了很大变化,从而导致巷道变形、冲击地压、煤与瓦斯突出以及突水等灾害越来越严重,因此,研究地应力对煤体电性特征的作用规律是非常必要的。本章通过建立受载煤体电阻率变化实时测试系统,研究不同加载方式下不同煤体电阻率变化规律,分析全应力-应变不同阶段煤体电阻率变化规律以及受载煤体电阻率的各向异性特征。

2.1 受载煤体电阻率变化实时测试系统

煤岩动力灾害的孕育和发生是一个力学过程,存在多种受力方式,如二次应力场、周期来压和蠕变等[1],应力集中和应变能的积累等都会引起煤体电性的改变[2],通过测试不同加载方式下煤体承受压力、应变及电阻率值,可分析复杂受力状态下电阻率特征。

实验系统由加载系统、微应变采集系统和电阻率测试系统组成,整个实验系统置于 GP6 高效电磁屏蔽室内(图 2-1)。

(1)加载系统

加载系统采用 YAW 型电液伺服压力试验机系统。该系统由压力机[图 2-2(a)]、加载控制系统[图 2-2(b)]及 PowerTest V3.3 控制程序组成,具有

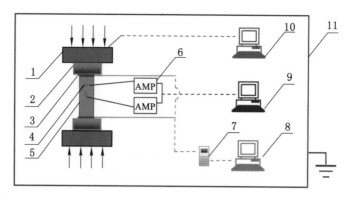

1—试验机;2—绝缘垫块;3—铜片电极;4—电阻应变片;5—试样;

6—前置放大器;7—LCR测试仪;8—电阻率采集系统;

9—应变采集系统;10—载荷控制系统;11—电磁屏蔽室。

图 2-1　受载煤体电阻率测试系统示意图

力闭环控制、恒应力控制和载荷保持三种加载控制方式,可实现恒稳负荷加载,控制精度及数据分析准确度高,最大加载应力达 3 000 kN,最大数据采集频率为20 Hz。该系统可准确记录并实时显示应力-应变曲线、载荷时间曲线;准确计算受载材料弹性模量、屈服强度、非比例伸长应力等力学参数;支持等速应力、等速位移、等速应变、力保持和位移保持等多种闭环控制方式。

（a）压力机

（b）加载控制系统

图 2-2　加载系统实物图

（2）微应变采集系统

微应变采集系统主要为 LB-Ⅳ型多通道数字应变仪[图 2-3(a)],由中心处理器、显示器和前置放大器组成。该仪器一次最多可以接 16 个通道,最大采样频率 1 000 Hz(最长 200 s),连续采集最高频率为 100 Hz。应变片采用电阻式应变片,电阻 120.2($\pm$0.1) Ω,灵敏系数 2.08(1$\pm$1%),精度等级为 A 级,栅长$\times$栅宽=4 mm$\times$2 mm,用无水乙醇擦拭煤样表面后,通过快干胶将应变片与煤体进行耦合[图 2-3(b)]。将电阻应变片(横向与轴向各一个)通过导线与前置放大器连接,前置放大器与处理器连接,通过系统软件进行参数设置和调试,就可以在显示器上记录微应变数据。

(a) 数字应变仪　　　　　　　(b) 应变片与煤体耦合图

图 2-3　微应变采集系统实物图

(3) 电阻率测试系统

LCR 测试仪也称阻抗测量仪或数字电桥测试仪,主要用于测量电路或电子元器件的电感(L)、电容(C)、电阻(R)等主参数及一些辅助参数。由于其使用方便、操作简单,很多人使用同类型的仪器进行煤岩体的电阻率测量。本书采用美国 Agilent U1733C LCR 测试仪[图 2-4(a)],最高测试频率为 100 kHz,最大数据采集频率为 100 kHz。使用 DDG-A 高效电接触导电膏将煤体上下两端与铜片电极进行耦合[图 2-4(b)],铜片电极通过导线与 LCR 测试仪连接,LCR 测试仪通过 USB 接线与 PC 连接,利用自带软件连续采集数据,数据能记录在 PC中,并能够导出 Excel 文件进行后处理。

实验中所需煤样分别来自新庄煤矿、城郊煤矿、寺家庄煤矿,把取来的大块煤体用岩芯管沿层理方向取样,加工成 ϕ50 mm$\times$100 mm 的圆柱体,见图 2-5,将两端磨平,部分煤样因加工原因可能尺寸较短,但不影响电阻率的计算。将各矿煤样分别进行单轴压缩、循环加载和分级加载实验,单轴压缩加载速率为0.1 mm/min,达到煤样应力水平的 30% 和 60% 时进行卸载(循环加载)和恒载(分级加载),实验过程中实时采集压力、微应变和电阻率数据。

 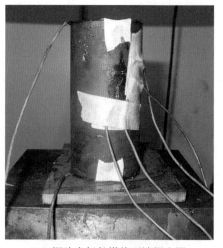

（a）LCR测试仪测试系统　　　　　　（b）铜片电极与煤体两端耦合图

图 2-4　电阻率采集系统实物图

图 2-5　实验煤样图例

2.2　不同加载方式煤体电阻率变化规律

为了便于实验结果分析,对煤样基本参数进行了测定,测定结果见表 2-1。

实验所用的电阻率测试系统测试频率分为 5 个等级,分别为 100 Hz、120 Hz、1 kHz、10 kHz、100 kHz。前人研究结果表明,煤体电阻率随着测试频率的升高而减小。以新庄矿、城郊矿和寺家庄矿煤样为例,考察频率对实验煤样电阻率的影响。测试结果见图 2-6。

表 2-1 煤样基本参数表

取样地点	$M_{ad}/\%$	$A_d/\%$	$V_{daf}/\%$	电阻率范围 /($\Omega \cdot$ m)	抗压强度 /MPa	孔隙率 /%
新庄矿	0.65	7.62	8.59	563.04~1 500.71	8.20	4.011 9
城郊矿	0.61	10.11	12.68	1 166.12~1 591.20	5.81	3.963 4
寺家庄矿	1.01	8.75	6.04	218.47~909.03	21.20	4.316 8

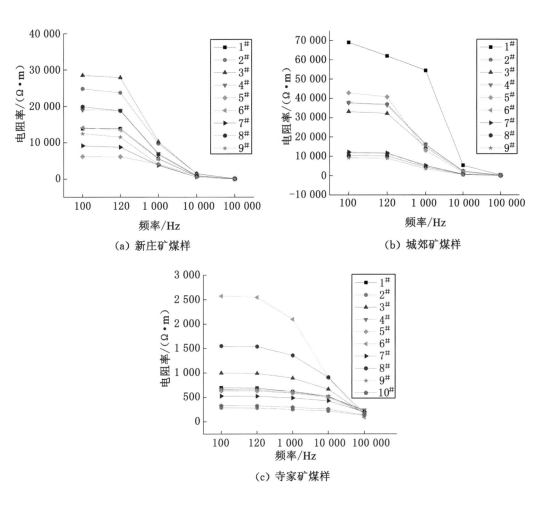

图 2-6 不同测试频率下各矿煤样电阻率变化图

可以看出,频率对电阻率的影响很大,电阻率甚至是数量级的变化。在矿井直流电法勘探中,一般采用直流电或者低频交流电[2-3]。因此若针对直流电法进行电阻率研究,需选用低频范围内(<20 kHz)的某个频率。本书选用 10 kHz 作为测试频率,这一频率为常用测试频率,王云刚、孟磊、杨耸等[2,4-5]的研究中也多使用这一频率。

根据 LCR 测试仪的工作原理,将测定的电阻值通过下式换算成实验样品的电阻率:

$$R = |Z| \cos \theta \tag{2-1}$$

$$\rho = |Z| \cos \theta \cdot S/L = RS/L \tag{2-2}$$

式中　Z——阻抗值,Ω;

θ——相位角,(°);

ρ——电阻率,(Ω·m);

R——电阻,Ω;

S——试样的横截面积,m²;

L——试样长度,m。

图 2-7 和图 2-8 中,P 代表压力曲线,ε_1 代表轴向应变,ε_2 代表横向应变。用 λ 表示电阻率的变化:

$$\lambda = \rho/\rho_0 \tag{2-3}$$

式中　ρ——测试电阻率;

ρ_0——初始电阻率。

当 $\lambda > 1$ 时,λ 越大电阻率变化幅度越大;当 $\lambda < 1$ 时,λ 越小电阻率变化幅度越大。微应变曲线向下凹表示煤体受拉伸作用,向上凸表示煤体受压缩作用[6]。从总体上看,压力和微应变之间呈现良好的对应关系。随着压力的增大,煤体沿横向发生拉伸变形,沿轴向发生压缩变形,变形和载荷大体上是对应的,但并不是完全同步,王恩元[7]利用长距离高倍望远镜动态观测了单轴压缩下煤体的变形破裂过程,发现此过程是不连续的、非均匀的,有时局部会产生膨胀或收缩,这与实验得到的结果是一致的。在加载后期,随着煤体的变形破裂加剧,应变曲线均发生了剧烈变化。

对于不同煤矿的煤样,受载煤体电阻率变化趋势会有很大差别。新庄矿煤样单轴压缩选取了两组典型实验结果。"单轴压缩-1"初期电阻率持续上升,发生微破裂后电阻率上升速率增大,发生破裂后电阻率升高到初始值的 3.45 倍,"单轴压缩-2"电阻率变化趋势与"单轴压缩-1"相似,在波动中呈上升趋势,最终电阻率上升到初始值的 1.60 倍。循环加载过程中突然卸载时电阻率会出现突降,分级加载时在 4 kN 和 8 kN 恒载阶段电阻率虽有波动,但总体趋势和压力曲线是一致的。

城郊矿煤样的实验规律与新庄矿煤样正好相反,在两个单轴压缩图中,单轴

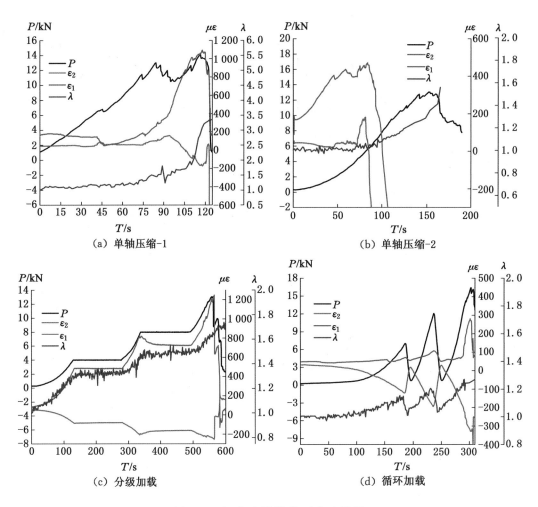

图 2-7 新庄矿煤样典型实验结果

压缩初期电阻率随着载荷的增加而减小,但电阻率减小幅度不大,而到后期电阻率减小幅度增大,循环加载前期电阻率随压力波动幅度较小,到 $70\%\sigma_{max}$ 水平左右电阻率下降速度加快,分级加载过程中电阻率曲线与压力曲线保持良好的对应关系。虽然两个矿的煤样电阻率随压力的变化趋势不同,但是在加载后期随着裂隙的持续增多和贯通,两个矿的煤样电阻率均升高。

从新庄矿和城郊矿的测试结果可以看出,两个矿煤样电阻率随压力的变化规律在加载初期截然相反,在加载后期都表现为上升趋势。为了增强测试实验系统的可靠性,避免实验的偶然性,本章又增加了一些煤样的单轴压缩实验。实验结果如图 2-9 所示,可以看出,在加载初期,所选煤样的电阻率均随着压力的升高而降低,在加载后期电阻率上升很明显,这和城郊矿煤样电阻率的变化规律有相似之处。文光才[8]和康建宁[9-10]在研究应力与煤的电阻率关系时认为,煤

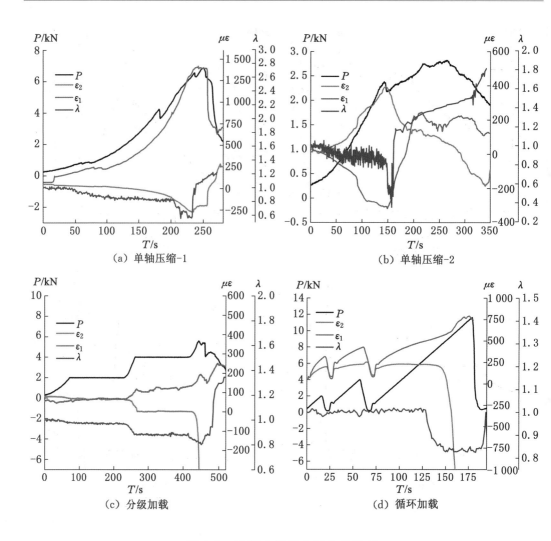

图 2-8　城郊矿煤样典型实验结果

体承受高应力时,分子间的电子云发生重叠,电子在分子间的迁移率增加,使得电子导电率上升,电阻率下降。而与此同时,在应力的作用下煤体分子间距缩小,离子在分子间跃迁的自由空间减小,这将使离子跃迁困难,离子跃迁率降低,离子导电率下降,电阻率上升。

当知道煤体电阻率随应力变化趋势后,可推断该种煤是以离子导电性为主还是以电子导电性为主,根据本章实验结果,可初步判断新庄矿煤样以离子导电性为主,城郊矿煤样以电子导电性为主。文光才[8]认为,所有的煤均存在电子导电,而离子导电需要具备一定的条件,因此可以说,煤的电子导电性应为煤导电的主要方式,对于大多数的煤而言均具有这一性质,本节不同煤样的实验规律正验证了这一现象。

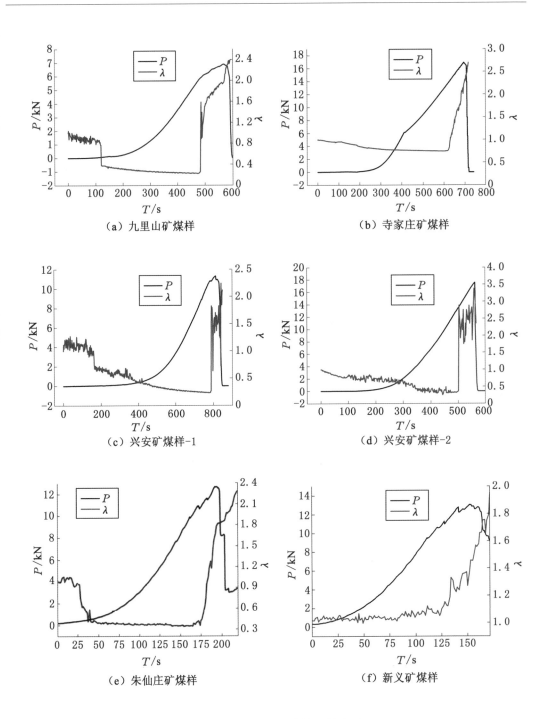

（a）九里山矿煤样 （b）寺家庄矿煤样

（c）兴安矿煤样-1 （d）兴安矿煤样-2

（e）朱仙庄矿煤样 （f）新义矿煤样

图 2-9 补充煤样的单轴压缩实验

2.3 全应力-应变过程煤体电阻率变化规律

2.3.1 煤岩变形破坏全应力-应变过程

在地下工程中,煤岩体一般承受压缩载荷作用,煤岩的破坏是一个发生变形或破裂的过程,用应力-应变曲线可以很好地描述这一过程[11],典型煤岩全应力-应变曲线如图 2-10 所示,图中 ε_d、ε_1 和 ε_v 分别代表试件径向应变、轴向应变和体积应变。根据应力-应变曲线的变化特征,将煤岩从加载到破坏分为几个具有不同特征的阶段,各阶段均伴随着煤体孔隙裂隙结构的演化:

(1)压密阶段(OA 段)

煤体试件中含有大量的孔隙和裂隙,试件受载压缩后,原有的张开性微裂隙在受压方向逐渐闭合,试件体积减小,密度增大。在本阶段试件的横向变形较小,试件体积随载荷的增大而减小,该段曲线主要表现为非线性特征,呈上凹形状。

(2)弹性阶段(AB 段)

该阶段也可称为线弹性阶段,在该阶段内,孔隙和微裂隙已完全闭合,随着载荷增加,其变形基本上按比例增长,如果卸载,变形恢复,试件呈弹性性质。到该阶段后期试件内开始出现新的微破裂,并随应力的增加而逐渐发展,试件体积压缩速率减慢,整体上还是属于压缩变形阶段。

(3)塑性阶段(BC 段)

该阶段也称为弹塑性阶段,试件超过屈服极限后继续加载,在 B 点附近试件不断产生微破裂,并且伴随着粒内或粒间的滑移,产生明显的非弹性变形,一个明显的标志就是 B 点处应力-应变曲线斜率减小,说明煤体由弹性变形向塑性变形转化,此时微破裂发生了质的变化,剪切破裂发生,轴向应变和体积应变速率迅速增大,煤体发生膨胀变形,试件由体积压缩转为扩容。在最大应力 C 点处,试件中央发展形成宏观破裂带,并通过裂缝阶梯状连接向试件端部增长。

(4)破坏阶段(CD 段)

该阶段又称为塑性软化阶段,该阶段内变形随应力的下降而增长。该阶段内试件的力学行为主要受贯穿试件的主控破裂面的支配,而微小孔隙和裂隙对变形的贡献和影响已经变得微不足道。

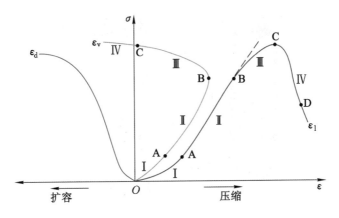

图 2-10　典型煤岩体全应力-应变曲线

2.3.2　煤体全应力-应变测试系统

　　实验系统由加载系统、电阻率测试系统和变形测量系统组成,示意图见图 2-11,实物图见图 2-12。

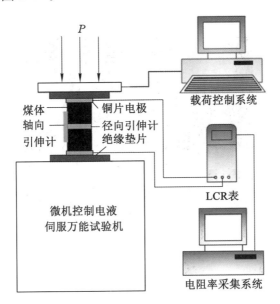

图 2-11　受载煤体全应力-应变过程电阻率测试系统示意图

　　加载系统采用 WAW-600 微机控制电液伺服万能试验机,该试验机由试验机主机、伺服油源、全数字测控器、计算机系统等组成,采用了先进的全数字测控器与压差式液压伺服技术和计算机系统相结合,实现了试验力(应力)、变形(应变)、位移(伸长)三种闭环控制方式;电阻率测试系统仍使用美国 Agilent U1733C LCR 测试仪,并与 PC 连接配合采集数据。变形测量系统(图 2-13)由

图 2-12 实验系统实物图

Epsilon 3542RA 轴向引伸计和 Epsilon 3544 径向引伸计组成,引伸计与试验机的全数字测控器连接,能实现对煤岩试样的轴向及径向变形动态测量。其中 Epsilon 3542RA 轴向引伸计采用 350 Ω 全桥应变仪设计,精度较高,变形两侧范围为 1.2~6 mm,Epsilon 3544 径向引伸计同样采用 350 Ω 全桥应变仪设计,通过增减引伸计的链条长度即可实现对不同尺寸试件的应变测量。

图 2-13 变形测量系统

根据弹性理论线应变之和等于体应变($\varepsilon_x + \varepsilon_y + \varepsilon_z = \varepsilon_v, \varepsilon_x = \varepsilon_y = -\varepsilon_d$,$\varepsilon_z = \varepsilon_l$),可得出单轴压缩条件下线应变($\varepsilon_d$、$\varepsilon_l$)与体积应变($\varepsilon_v$)关系为:

$$\varepsilon_v = \varepsilon_l - 2\varepsilon_d \tag{2-4}$$

利用变形测量系统对实验煤样的径向应变和轴向应变进行了测试,并根据式(2-4)计算了其体积应变。图 2-10 是一条典型化了的曲线,反映了煤岩体变形的一般规律,图 2-14 为新庄矿、寺家庄矿和城郊矿煤样的典型全应力-应变曲线,可以看出,不同煤样所表现出的应力-应变关系各不相同,这是由于其矿物组成及结构构造各不相同所致。在体积-应变曲线中,扩容点 B 处切线斜率为无穷

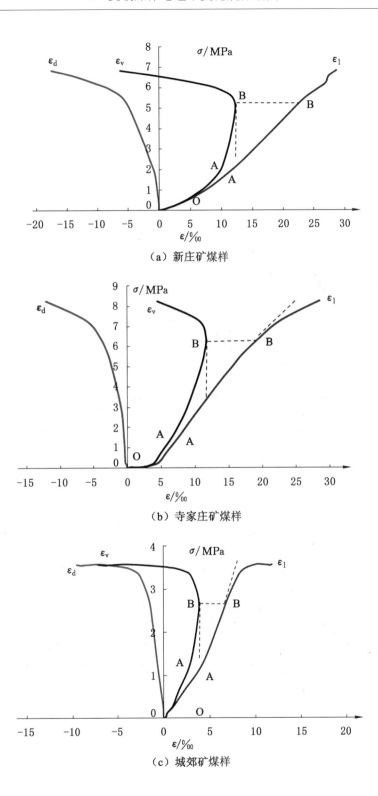

（a）新庄矿煤样

（b）寺家庄矿煤样

（c）城郊矿煤样

图 2-14 实验煤样的典型全应力-应变曲线

大($\mathrm{d}\sigma/\mathrm{d}\varepsilon=\infty$),是 ε_v 曲线的拐点,过 B 点后横向应变之和超过轴向应变,导致试件体积应变 ε_v 由压缩方向转为扩容方向,体积膨胀迅速加大,在 ε_1-σ 曲线中,B 点处切线斜率偏离曲线方向并逐渐减小。

2.3.3 全应力-应变过程煤体电阻率变化规律

根据前文的研究,不同煤矿的煤样加载过程中电阻率的变化规律差异性很大,为了研究全应力-应变过程电阻率的变化规律,选取具有代表性的煤样进行绘制全应力-应变过程电阻率变化图,见图 2-15 至图 2-17。

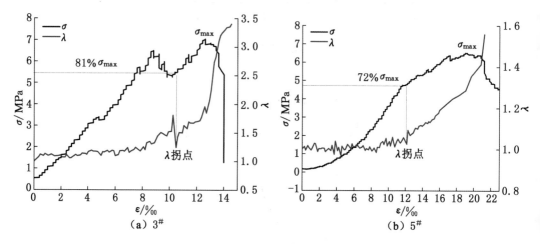

图 2-15　新庄矿煤样全应力-应变过程 λ 变化图

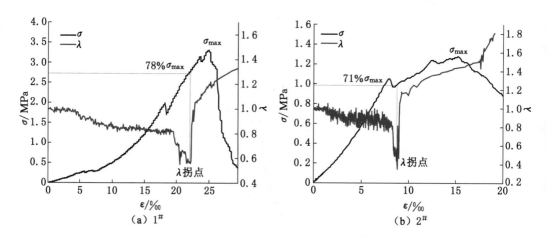

图 2-16　城郊矿煤样应力-应变过程 λ 变化图

新庄矿煤样电阻率整体上呈现出随应力的升高而增大的特点,在加载初期,电阻率变化幅度不大,并伴随着较大的波动,有稍微上升的趋势,图 2-15 中的两个典型煤样实验中,在 $81\%\sigma_{max}$ 和 $72\%\sigma_{max}$ 处电阻率出现拐点,即在极短时间内

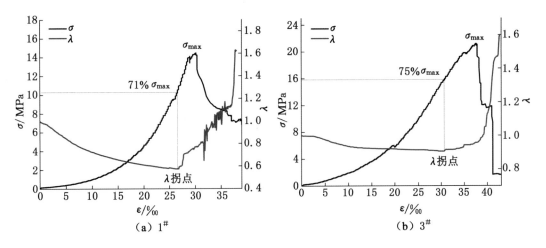

图 2-17 寺家庄矿煤样应力-应变过程 λ 变化图

上下波动后很快呈加速上升趋势,原因可能是在 λ 拐点处煤体开始出现破裂,破裂的发展影响了煤体的导电能力,主破裂发生后 λ 最大值达到了 3.49,说明电阻率变化幅度很大。

整体上来看,城郊和寺家庄两个矿煤样在单轴压缩过程电阻率变化趋势具有相同之处,在加载初期电阻率呈下降趋势,在加载后期及主破裂过后电阻率均呈上升趋势,但在应力-应变过程中又有各自不同的特点。

城郊矿煤样在加载初期电阻率波动较强烈,经缓慢下降后分别在 $61\%\sigma_{max}$、$70\%\sigma_{max}$ 处发生突降,主要是由于在单轴压缩的过程中,一些微孔以及部分大孔、中孔以及过渡孔在相对均匀地闭合,在达到一定的应力水平时,大孔、中孔以及过渡孔会大量地闭合[4],使得煤体突然密实,造成其电阻率的突降,在突降之后经历短时间的波动,两个典型煤样分别在 $78\%\sigma_{max}$ 和 $71\%\sigma_{max}$ 处 λ 突然上升,加载后期随着煤体的破裂,λ 持续上升,最大值达到了 1.81。

寺家庄矿煤样在加载初期电阻率曲线较平缓,λ 拐点较明显,但对应的应力水平普遍大于城郊矿煤样,这可能是由于城郊矿煤样抗压强度小而导致屈服极限较小,在较低的应力水平处煤体即会发生微破裂,从而导致 λ 趋势发生变化,两个典型煤样分别在 $71\%\sigma_{max}$ 和 $75\%\sigma_{max}$ 处电阻率由下降转为上升,且上升速度明显加快,应力峰值过后电阻率迅速上升,λ 上升幅度小于新庄矿和城郊矿煤样,最大仅为 1.6。

将扩容点处的应力水平定义为扩容应力,用 σ_d 表示,应力峰值仍用 σ_{max} 表示,在图 2-15 至图 2-17 中,可分 3 个应力区域。随机挑选应力 σ-λ 数据,3 个应力区域内均匀选取 10 组统计数据,并分别进行拟合,以此类推,可求出实验煤样各应力区域内应力 σ-λ 拟合关系。见表 2-2。

表 2-2　典型实验煤样不同应力区域 σ-λ 拟合结果

煤样	拟合公式	R^2	应力范围
新庄 3#	$y=-0.003x^2+0.053x+0.998$	0.759	$\sigma<\sigma_d$
	$y=-0.352x^2+4.587x-13.20$	0.863	$\sigma_d<\sigma<\sigma_{max}$
	$y=-1.463x^2+16.95x-45.54$	0.905	$\sigma>\sigma_{max}$
新庄 5#	$y=0.008x^2+0.011x+1.010$	0.952	$\sigma<\sigma_d$
	$y=0.074x^2-0.767x+2.978$	0.807	$\sigma_d<\sigma<\sigma_{max}$
	$y=0.099x^2-1.178x+4.747$	0.863	$\sigma>\sigma_{max}$
城郊 1#	$y=-0.022x^2-0.070x+0.947$	0.866	$\sigma<\sigma_d$
	$y=-13.63x^3+123.9x^2-373.5x+374.5$	0.768	$\sigma_d<\sigma<\sigma_{max}$
	$y=-0.02\ln x+1.180$	0.992	$\sigma>\sigma_{max}$
城郊 2#	$y=-0.801x^3+1.336x^2-0.795x+0.995$	0.911	$\sigma<\sigma_d$
	$y=-12.61x^2+31.00x-17.70$	0.972	$\sigma_d<\sigma<\sigma_{max}$
	$y=2.541e^{-0.45x}$	0.992	$\sigma>\sigma_{max}$
寺家庄 1#	$y=-0.10\ln x+0.761$	0.970	$\sigma<\sigma_d$
	$y=0.003x^2-0.03x+0.512$	0.930	$\sigma_d<\sigma<\sigma_{max}$
	$y=0.023x^2-0.559x+4.016$	0.893	$\sigma>\sigma_{max}$
寺家庄 3#	$y=-0.02\ln x+0.957$	0.905	$\sigma<\sigma_d$
	$y=0.003x^2-0.113x+1.887$	0.939	$\sigma_d<\sigma<\sigma_{max}$
	$y=1.491x-0.15$	0.786	$\sigma>\sigma_{max}$

　　根据电介质物理学中固体导电理论,固体介质电阻率 ρ 随应力 σ 的变化关系一般可写为[12]:

$$\rho = A_1 e^{B_1\sigma} \tag{2-5}$$

式中:A_1、B_1 为系数。

文光才[8]对式(2-5)进行了进一步推导,当 $-1<B_1<1$ 时,$e^{B_1\sigma}$ 按幂级数展开可写为:

$$1+B_1\sigma+\frac{(B_1\sigma)^2}{2!}+\cdots+\frac{(B_1\sigma)^n}{n!}+\cdots \tag{2-6}$$

　　根据 B_1 绝对值的大小,上式可写成线性、二次式、三次式等形式。文光才[8]将高阶小项略去,对松藻、中梁山、淮南、平顶山等矿区煤样进行了应力-电阻率的线性拟合。从表 2-2 的拟合统计结果来看,拟合方程以一元二次方程居多,也存在部分对数函数、指数函数及幂函数形式,说明应力对电阻率的影响规律是复杂多变的,不同的煤样甚至同一煤样不同加载方式及加载过程都会出现不同的拟合结果。总体来看,在扩容应力水平出现前,电阻率随应力升高过程多呈一元二次方程形式,扩容现象出现后电阻率随应力的升高而升高,但是其规律呈现多样性,这也是由于煤体孔隙裂隙发育在时间和空间上的不均匀性导致的。

2.3.4　煤体扩容现象及电阻率前兆信息

扩容是与微裂隙或孔洞相关的非弹性体积变形[13],当应力达到某一定值时,煤岩体体积由压缩转为膨胀,因而产生裂隙,这种力学现象称为扩容[14]。扩容是否产生,取决于煤岩体的介质特性和承受的应力状态,一般情况下煤岩体在偏差应力的作用下均能产生扩容[15]。

根据试件体积应变的变化和实验过程中电阻率变化特征,本书将应力-应变过程分为体积压缩阶段和膨胀扩容至破坏加剧阶段两个大的阶段进行分析。

(1) 体积压缩阶段

该阶段包含压密阶段(OA 段)和弹性阶段(AB 段):加载初期孔隙裂隙由张开变为闭合,之后随着载荷增加,变形基本上按比例增长,到后期试件内开始出现新的微破裂,并随应力的增加而逐渐发展,试件体积压缩速率减慢,但整体上还是属于压缩变形阶段。由于这一阶段样品体积变小,使原有的各种导电通道接触更加良好,所以电阻率呈下降趋势。从微观上来讲,根据电介质物理学理论[12],固体介质承受外力时,以离子导电性为主的介质电阻率升高,以电子导电性为主的介质电阻率降低。

(2) 膨胀扩容至破坏加剧阶段

该阶段包含塑性阶段(BC 段)和破坏阶段(CD 段):当试件达到屈服极限(B点应力)之后,破裂不断发展,轴向应变和体积应变速率迅速增大,标志着扩容现象的发生。从进入该阶段开始,煤岩体变形由体积压缩转为体积膨胀,裂纹发生了质的变化,由微破裂转为剪切破裂,破裂的持续发生使得煤体导电通道受到本质性影响,破裂不断切断或阻碍导电通道,使得煤体导电能力下降,电阻率显著升高,该现象发生在煤体主破裂之前,不同煤体的扩容点应力水平也不同,通过大量的研究可得到一种煤样的扩容规律,无论何种煤体,在扩容点处电阻率响应特征可归纳为两种,一种是从下降→上升,另一种是上升→加速上升,即电阻率在该点附近处会出现拐点。因此,扩容产生的这种电阻率突变现象可作为煤体破裂的前兆信息,这对于用电阻率的方法预测及探测煤体失稳破坏具有重要意义。随着加载继续进行,到达应力峰值时刻,煤体发生宏观主破裂,煤体导电能力进一步受到影响,电阻率继续上升。

2.3.5　煤体扩容-电阻率模型的建立

煤体电阻率在单轴压缩过程中经历了下降或上升（体积压缩）→突变上升（膨胀扩容）→加速上升（破坏加剧），在扩容点附近，电阻率曲线出现拐点，从下降趋势转为上升趋势，或由（缓慢）上升趋势转为加速上升趋势。达到应力峰值后，大的裂隙互相汇合、贯通，煤体失稳，电阻率进一步上升。根据煤体电阻率与应力-应变过程的关系，可建立煤体扩容-电阻率模型（图 2-18），该模型描述了煤体体积全应力-应变过程中电阻率的响应规律，强调了以体积应变为标志的膨胀扩容现象引起的电阻率变化趋势的转变，本书实验测得的扩容点应力水平在 $66\%\sigma_{max}\sim87\%\sigma_{max}$ 之间（表 2-3），由于煤样的差异性该区间会有所变化，但都处于煤体失稳破坏之前，因此可根据此模型，将电阻率变化规律作为前兆信息，对煤体失稳破坏进行提前预警。

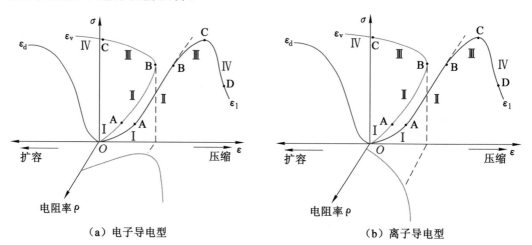

（a）电子导电型　　（b）离子导电型

图 2-18　煤体扩容-电阻率模型

表 2-3　实验煤样扩容点应力水平汇总

样品编号	新庄矿煤样	城郊矿煤样	寺家庄矿煤样
1#	$85\%\sigma_{max}$	$78\%\sigma_{max}$	$71\%\sigma_{max}$
2#	$78\%\sigma_{max}$	$71\%\sigma_{max}$	$79\%\sigma_{max}$
3#	$72\%\sigma_{max}$	$81\%\sigma_{max}$	$75\%\sigma_{max}$
4#	$68\%\sigma_{max}$	$67\%\sigma_{max}$	$87\%\sigma_{max}$
5#	$76\%\sigma_{max}$	$72\%\sigma_{max}$	$66\%\sigma_{max}$

煤体的破坏过程是一个渐进式破坏过程，受载煤体经历了由稳定到失稳的过程，微破裂扩展、贯通引起的体积扩容是动力灾害发生前的主要显现。根据煤

体应力状态,在采掘工作面前方,依次存在着卸压带(破碎区)、应力集中带(塑性区)和原始应力带(弹性区)3 个区域(图 2-19),采掘空间形成后,煤体前方的这 3 个区域始终存在,并随着工作面的推进而前移。在卸压区煤体已发生屈服,煤体内部形成了大量的裂隙,由卸压区到应力集中区,应力越来越高。随着工作面的推进,煤体不断由弹性体转变为塑性体而形成一个缓冲带,支承压力增大,当缓冲带不足以阻止动力灾害发生时,高应力区的煤体由弹性阶段发展到扩容突变阶段[14-15],弹性能得到大量释放,这种效应会造成巷道煤岩体的瞬时破坏,形成冲击地压、瓦斯突出或者压出型突出。根据本章实验结果可知,在扩容点处电阻率表现为突然转折、反向并大幅度上升或者突然加速上升,这类异常都发生在煤体破裂失稳前。因此,当观测到电阻率随时间变化出现拐点时,煤体内部结构也开始发生重大变化,注意到这一点,对用电阻率法分析煤体变形破坏过程很有意义,对煤岩动力灾害的预测预报具有重要的指导作用。

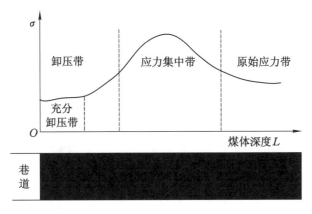

图 2-19　采掘工作面前方煤体应力分布

2.4　受载煤体电阻率各向异性特征

层理构造是煤层的典型特征,它导致煤层的电阻率具有明显的方向性,即平行层理方向的电阻率(ρ_l)和垂直层理方向的电阻率(ρ_n)不同,这称为煤体电阻率的各向异性,可用各向异性系数 λ' 表示:

$$\lambda' = \sqrt{\frac{\rho_n}{\rho_l}} \tag{2-7}$$

对于煤岩体来讲,垂直层理方向的电阻率大于平行层理方向的电阻率[16-17],所以 λ' 总大于 1,根据实测结果(表 2-4),新庄矿、城郊矿和寺家庄矿煤样各向异性特征很明显,根据各矿试样电阻率的平均值,代入公式(2-7)可得新庄矿、城郊矿和寺家庄矿煤样电阻率异性系数 λ' 分别为1.48、1.42、1.35,可知3个矿煤样中,新庄矿煤样电阻率各向异性特征最为明显。

表 2-4 煤体电阻率各向异性参数表

煤样编号	新庄矿煤样		城郊矿煤样		寺家庄矿煤样	
	$\rho_l/(\Omega \cdot m)$	$\rho_n/(\Omega \cdot m)$	$\rho_l/(\Omega \cdot m)$	$\rho_n/(\Omega \cdot m)$	$\rho_l/(\Omega \cdot m)$	$\rho_n/(\Omega \cdot m)$
1#	383.47	965.04	1 348.24	2 818.62	579.13	1 073.06
2#	381.82	866.10	1 266.21	2 204.79	657.75	1 141.43
3#	224.12	789.97	1 440.87	3 085.99	671.49	1 339.92
4#	633.26	941.26	1 591.20	3 770.24	740.33	1 265.93
5#	401.25	889.47	1 166.12	1 880.27	650.12	1 202.38
平均值	404.79	890.37	1 362.52	2 751.98	662.18	1 205.08
各向异性系数 λ'	1.48		1.42		1.35	

以寺家庄矿煤样单轴压缩实验为例,测试垂直层理方向电阻率的实时变化特征。挑选的煤样沿轴向方向为平行层理方向,沿径向方向为垂直层理方向。在2.3.3节中的图2-15为新庄矿煤样平行层理方向应力-应变过程电阻率变化图,图2-20为新庄矿煤样垂直层理方向应力-应变过程电阻率变化图,对比可知,两个测试方向上电阻率的变化趋势是一致的,都是先减小后增大,但是在此过程中由于受力状态的差异性规律又有所不同。

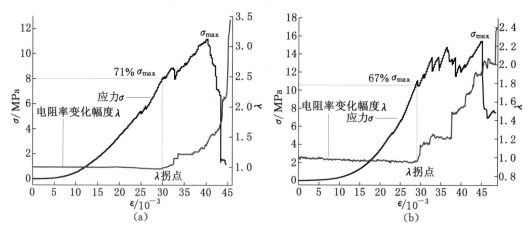

图 2-20 新庄矿煤样应力-应变过程垂直层理方向 λ 变化图

将图2-15和图2-20中的时间 T 和电阻率变化幅度 λ 数据汇总在一起并绘制成图(图2-21),对比分析可发现其差异性:在单轴压缩初期,由于垂直层理电阻率受压强度小于平行层理方向,故在拐点处 λ 值变化不大,最小仅为 0.94;所有的煤体进入扩容阶段后电阻率均呈上升趋势,由于垂直层理方向裂隙较发育[18],故最终电阻率的 λ 值明显大于平行层理 λ 值,最大为 3.44,而平行层理方向 λ 值最大仅为 1.62。

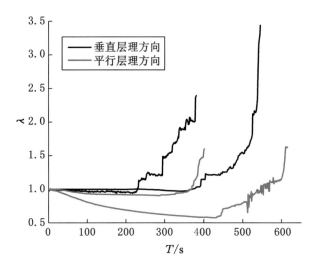

图 2-21   单轴压缩过程不同测试方向电阻率变化图

2.5   本章小结

(1) 建立了受载煤体电阻率实时测试系统,设计了单轴压缩、循环加载和分级加载实验方案,对不同煤体受载过程中的压力、微应变和电阻率数据进行实时采集,结果表明:对于同一煤样而言,电阻率随压力的变化趋势是一致的;对于不同的煤样,受载过程电阻率变化趋势会有很大差别,这种差别主要表现在加载初期,有的煤样之间表现出相反的变化规律,在加载后期,随着煤体的变形破裂加剧,电阻率最终都呈加速上升趋势;应力峰值前电阻率随应力多呈一元二次方程和对数函数形式变化,应力峰值过后由于煤样破坏的不稳定性,电阻率上升过程中也具有多种变化形式。

(2) 深入研究了煤体全应力-应变过程不同阶段电阻率变化特征,发现以体积应变为标志的扩容现象对煤体电阻率具有重要影响,主要体现在扩容点处电阻率会出现突变现象,提出该突变现象可作为煤体失稳破坏前兆信息,并建立了煤体扩容-电阻率模型。

(3) 统计分析了几种煤体电阻率的各向异性特征,通过对比分析煤体变形破坏过程中平行层理方向和垂直层理方向电阻率的变化特征,发现了不同测试方向电阻率变化规律的差异性。

参考文献

[1] 李楠,王恩元,赵恩来,等.岩石循环加载和分级加载损伤破坏声发射实验研究[J].煤炭学报,2010,35(7):1099-1103.

[2] 王云刚.大尺度冲击性煤体电阻率变化规律的实验研究[J].南华大学学报(自然科学版),2010,24(2):15-18.

[3] 董延朋,万海.高密度电阻率法在堤坝洞穴探测中的应用[J].物探装备,2006,16(1):56-58.

[4] 孟磊,刘明举,王云刚.构造煤单轴压缩条件下电阻率变化规律的实验研究[J].煤炭学报,2010,35(12):2028-2032.

[5] 杨耸.受载含瓦斯煤体电性参数的实验研究[D].焦作:河南理工大学,2012.

[6] 李忠辉.受载煤体变形破裂表面电位效应及其机理的研究[D].徐州:中国矿业大学,2007.

[7] 王恩元.含瓦斯煤破裂的电磁辐射和声发射效应及其应用研究[D].徐州:中国矿业大学,1997.

[8] 文光才.无线电波透视煤层突出危险性机理的研究[D].徐州:中国矿业大学,2003.

[9] 康建宁.电磁波探测煤层突出危险性指标敏感性研究[D].北京:煤炭科学研究总院,2003.

[10] 康建宁.煤的电导率随地应力变化关系的研究[J].河南理工大学学报(自然科学版),2005,24(6):430-433.

[11] 蔡美峰.岩石力学与工程[M].北京:科学出版社,2002.

[12] 陈季丹,刘子玉.电介质物理学[M].北京:机械工业出版社,1982.

[13] 马金宝,张毅,马向前.岩石(体)应力扩容试验及本构进展研究[J].水利与建筑工程学报,2011,9(1):77-82,100.

[14] 潘立友.冲击地压前兆信息的可识别性研究及应用[D].青岛:山东科技大学,2003.

[15] 潘立友,蒋宇静,李兴伟,等.煤层冲击地压的扩容理论[J].岩石力学与工程学报,2002,21(增刊2):2301-2303.

[16] 程志平.电法勘探教程[M].北京:冶金工业出版社,2007.

［17］岳建华,刘树才.矿井直流电法勘探［M］.徐州:中国矿业大学出版社,2000.

［18］XU T,TANG C,YANG T H,et al. Numerical investigation of coal and gas outbursts in underground collieries［J］. International journal of rock mechanics & mining sciences 2006,43(6):905-919.

3 瓦斯吸附/解吸过程煤体电阻率变化规律研究

　　煤是一种复杂的多孔介质，是天然吸附剂。自然状态下，瓦斯主要以吸附、游离和溶解的方式赋存在煤层中，其中吸附态瓦斯占 $80\%\sim90\%$ 以上[1]。煤对瓦斯的吸附能力是影响煤层瓦斯含量和瓦斯压力的关键因素[2]，直接决定了发生突出的动力和能量。瓦斯突出灾害中，往往伴随大量瓦斯的涌出和喷出，实质上就是煤层瓦斯的剧烈解吸过程[3]，因此瓦斯的吸附/解吸问题一直是研究的热点。对瓦斯吸附/解吸过程中的煤体电阻率进行研究，是利用电法勘探技术解决瓦斯灾害问题的基础。

3.1　瓦斯吸附/解吸过程煤体电阻率实时测试系统

　　实验系统包括电阻率测试系统、密封缸体、高压气源、管路系统、阀门、压力表和真空泵等(图 3-1)。电阻率测试系统使用美国 Agilent U1733C LCR 测试仪，系统简介在第 2 章有所论述，在此不再赘述；密封缸体实物图见图 3-2，缸体密封性较好；管路系统采用高压胶管，理论耐压强度为 $8\sim10$ MPa，能够满足实验需求。

　　从第 2 章的研究结果可知，煤体的导电特性不同会造成受载过程电阻率变化规律差异性很大，经判断，新庄矿煤样以离子导电性为主，城郊矿、寺家庄矿等煤样以电子导电性为主，因此各选一种代表性煤样进行吸附/解吸实验研究，以新庄矿煤样和寺家庄矿煤样为典型研究对象进行实验。实验样品尺寸为 $\phi50$ mm×100 mm 的圆柱体，用漆包线作导线与 LCR 测试仪连接。

　　新庄矿煤样和寺家庄矿煤样均为无烟煤，变质程度较高，瓦斯吸附能力较强。研究表明，任一种煤体对不同单组分气体的吸附能力都有明显差异，总体表现为 $CO_2>CH_4>N_2$[4]，因此，本书分别使用这三种气体进行吸附/解吸对比实

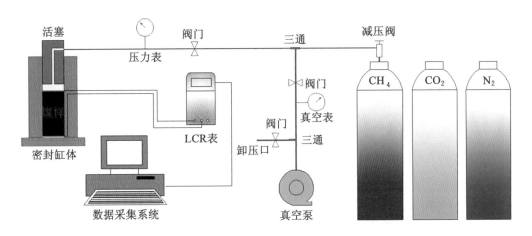

图 3-1 瓦斯吸附/解吸过程煤体电阻率测试系统示意图

图 3-2 实验密封缸体实物图

验,设计以下实验方法:

　　实验前首先检查管路及密封缸体的气密性,采用真空泵对密封缸体连续抽真空 8 h 以上,打开电阻率数据采集系统,将高压气体通过减压阀缓慢充入缸体内部,实验分为 0.5 MPa、1.0 MPa 和 1.5 MPa 三个压力等级,达到要求的压力时保持该压力,再次检查整个系统的气密性。待精密压力表读数保持不变时说明吸附达到平衡,本实验设计吸附时间 20 h 左右,一般能够满足要求。解吸时缓慢打开阀门进行放气,使煤体自然解吸,时间保持在 6 h 左右。每 1 次吸附/解吸整个过程结束后,煤样即视为作废,须重新换新鲜煤样进行下一组实验,直至实验结束。实验室室温控制在 25 ℃,以与井下环境温度保持一致。具体实验方案见表 3-1。

表 3-1　实验方案表

实验样品	煤样编号	实验压力	实验气体
新庄矿煤样	1#	0.5 MPa	CH_4
	2#	1.0 MPa	
	3#	1.5 MPa	
	4#	0.5 MPa	CO_2
	5#	1.0 MPa	
	6#	1.5 MPa	
	7#	0.5 MPa	N_2
	8#	1.0 MPa	
	9#	1.5 MPa	
寺家庄矿煤样	1#	0.5 MPa	CH_4
	2#	1.0 MPa	
	3#	1.5 MPa	
	4#	0.5 MPa	CO_2
	5#	1.0 MPa	
	6#	1.5 MPa	
	7#	0.5 MPa	N_2
	8#	1.0 MPa	
	9#	1.5 MPa	

3.2　煤体瓦斯吸附/解吸特性

（1）煤吸附瓦斯的本质

固体对气体的吸附从本质上说是由固体表面的分子与气体分子之间的相互作用力引起的[5]。煤表面的分子在其表面产生一种力场,由于该力场是不饱和的,因此具有吸附甲烷的能力,这就是煤对甲烷分子的吸附作用。煤对甲烷的吸附作用在一定瓦斯压力下属于物理吸附,本质上是煤表面分子和甲烷气体分子之间相互吸引的结果,两种分子之间的作用力使甲烷气体分子在煤表面上得以停留。煤分子和甲烷气体分子之间吸引力越大,吸附量就越大。两种分子之间的作用力为范德瓦尔斯力,由德拜诱导力和伦敦色散力组成,从而形成吸引势,即吸附势阱深度,也称吸附势垒。甲烷分子在吸附势垒的作用下,由自由状态转变为吸附状态,并逐渐沉积在煤的表面(图 3-3)。自由状态分子必须损失部分能量才得以停留在煤的表面,因此吸附是放热过程。

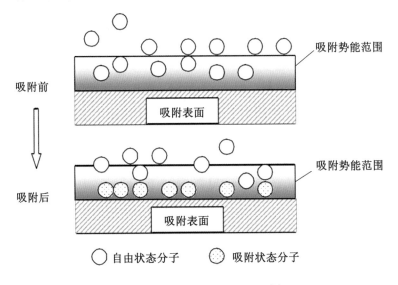

图 3-3　煤吸附甲烷示意图[7]

当吸附状态的甲烷气体分子获得能量 E_a 时才能跃出吸附势阱,从而成为自由气体分子。甲烷气体分子的热运动越剧烈,具有的动能越高,其获得能量发生解吸的可能性就越大。随着甲烷压力的增大,气体分子撞击煤孔隙表面的概率也会增加,导致吸附速度更快,甲烷气体分子在煤孔隙表面上排列的密度也会增加[6]。

（2）煤的瓦斯解吸特性

解吸是甲烷-煤基质稳定吸附体系由于受到破坏吸附-解吸平衡的条件而发生的变化,是吸附气体转化为游离态并脱离吸附体系,造成甲烷吸附量减少的过程。该过程相当于气体在煤内运移的 3 个阶段:首先,受压力梯度的影响,气体在煤基质外足够大的裂隙中能够自由流动;然后,气体形成浓度梯度并通过微孔结构向较大的孔隙扩散;最后,气体从煤的内表面解吸出来。

煤中的吸附甲烷经过漫长的地质年代演化过程,已与孔隙内处于压缩状态的甲烷形成了稳定的平衡状态。甲烷吸附速度等于解吸速度。井下巷道中的采掘活动会使原来的应力平衡受到破坏,在采掘工作面或钻孔周围形成应力集中,使煤及围岩产生细微裂隙或者变弱,导致煤层渗透性发生变化,这样就会促使瓦斯的流动。煤层瓦斯流动的结果使得孔隙内瓦斯压力下降。随着瓦斯压力的下降,煤对瓦斯的吸附能力减小,破坏了吸附平衡状态,这样瓦斯分子便可摆脱孔隙内表面的吸附力,瓦斯解吸的整个过程就是这样发生的。越来越多的瓦斯由吸附态变为游离气态,自由膨胀穿过裂隙,涌入工作面或巷道。

3.3　不同气体压力对煤体电阻率的影响

由于煤样经历取样、运输、加工等工序,长时间暴露于空气中,CH_4、O_2、CO_2、N_2 等各种气体共同吸附于煤体孔隙中,会对煤体电阻率产生影响。实验前需对含有煤样的缸体进行抽真空,与此同时监测煤体电阻率的变化情况,每个矿煤样挑选 3 组有代表性的数据,如图 3-4 所示。

随着抽真空的进行,新庄矿煤样电阻率呈下降趋势,其中 1# 煤样和 3# 煤样下降幅度较大,λ 值降到 0.4～0.5 之间,2# 煤样 λ 值最小为 0.8;寺家庄矿煤样在抽真空初期电阻率呈现短暂的波动,但很快趋于上升,其中 2# 煤样 λ 值上升到 1.3。可以看出,所选的两种煤样在抽真空阶段电阻率呈现截然不同的变化趋势,抽真空阶段的电阻率变化规律说明了孔隙气体对煤体电阻率具有一定的影响作用,对于不同气体压力、气体种类而言,对煤体电阻率的影响规律也会有所不同。

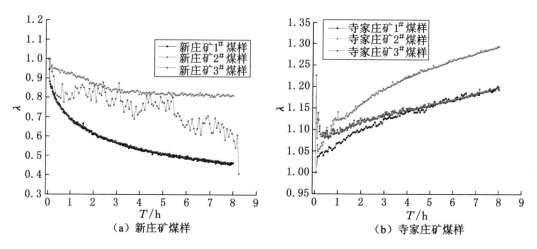

（a）新庄矿煤样　　　　**（b）寺家庄矿煤样**

图 3-4　抽真空过程煤体电阻率变化趋势图

实验瓦斯压力分为 3 个等级:0.5 MPa、1.0 MPa 和 1.5 MPa,从 λ 变化图(图 3-5)中可以直观地看出电阻率的变化幅度。两个矿煤样虽然同属无烟煤,但瓦斯吸附/解吸过程的电阻率变化规律有很大差别。

新庄矿煤样瓦斯吸附阶段电阻率上升,解吸阶段电阻率下降,电阻率除在吸附初期有所波动外,整体上 λ 值是大于 1 的,吸附过程中电阻率是升高的,根据瓦斯压力的不同,电阻率曲线上下位置依次为 1.5 MPa—1.0 MPa—0.5 MPa。

寺家庄矿煤样电阻率变化较为平稳,瓦斯吸附阶段电阻率下降,解吸阶段电阻率上升,λ 值均小于 1,电阻率曲线从上至下依次为 0.5 MPa—1.0 MPa—1.5 MPa,其中 0.5 MPa 和 1.0 MPa 实验曲线差别不太大,在解吸过程中出现电阻率迅速上升后又缓慢下降的现象,解吸中后期还是处于上升趋势,但从 1.5 MPa 实验曲线来看,曲线处于最下方,吸附和解吸过程电阻率变化规律很明显。

虽然两个矿煤样实验结果差异性很大,但仍存在一定的共性规律:瓦斯吸附阶段电阻率变化与解吸阶段呈相反趋势,瓦斯压力越大电阻率变化幅度越大,在瓦斯吸附和解吸初始时刻,常伴随电阻率突然变化的现象。

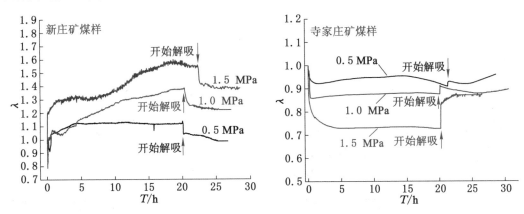

图 3-5 CH$_4$吸附/解吸过程 λ 变化图

为了考察本实验中煤样电阻率与瓦斯压力之间的关系,对实验煤样进行充瓦斯,一次吸附平衡后记录电阻率值,然后继续升高压力,以此类推,可得到瓦斯压力与电阻率之间的关系,如图 3-6 所示。实验煤样电阻率随瓦斯压力变化规律很明显,基本符合对数函数 $y = a + b\ln(x + c)$ 的形式。

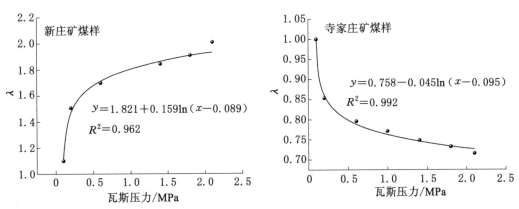

图 3-6 实验煤样电阻率与瓦斯压力的关系

根据前文受载煤体电阻率变化规律研究结果可知,新庄矿煤样和寺家庄矿煤样在单轴压缩初期电阻率变化规律不同,根据文献[8]的研究结论,可初步判断新庄矿煤样是以离子导电性为主的煤体,寺家庄矿煤样是以电子导电性为主的煤体,由于导电特性的差异,不仅导致了应力对煤体电阻率作用规律的差异,同时在瓦斯吸附过程及不同瓦斯压力条件下煤体电阻率响应规律也有所差异。

由于 CO_2 吸附性能强于 CH_4,吸附效果更好,使用各矿的 4#、5#、6# 煤样进行 CO_2 吸附/解吸实验,实验压力分别为 0.5 MPa、1.0 MPa 和 1.5 MPa,实验结果见图 3-7。总体上来看,CO_2 实验电阻率变化幅度较大,即 λ 值变化较大,说明 CO_2 实验效果更明显。

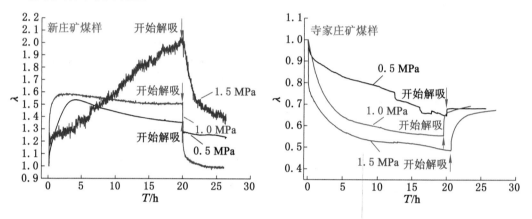

图 3-7　CO_2 吸附/解吸过程 λ 变化图

新庄矿 0.5 MPa 和 1.0 MPa 实验曲线在吸附初期电阻率上升迅速,之后有微弱的下降,1.5 MPa 实验吸附过程电阻率基本呈线性增长,吸附平衡电阻率变化幅度大于 4# 煤样和 5# 煤样,解吸后 6# 煤样电阻率下降也最为明显。

在不同 CO_2 压力实验条件下,寺家庄矿煤体电阻率曲线呈现明显的上下位置,比 CH_4 实验结果更为明显,吸附平衡时 1.5 MPa 实验煤体电阻率下降幅度最大,即 λ 值最小。开始解吸后 1.5 MPa 实验煤体电阻率上升幅度也最大。

对比图 3-5 可以看出,对于各矿煤样而言,CH_4 和 CO_2 实验过程电阻率变化趋势是一致的,且在吸附和解吸两个阶段,随着气体压力的增大,电阻率变化幅度均增大,只不过 CO_2 实验效果更明显,吸附阶段和解吸阶段煤体电阻率变化范围较大,且与气体压力呈现很好的对应关系,即随着气体压力的增大,吸附阶段和解吸阶段煤体电阻率 λ 值变化幅度也增大。

由于 N_2 吸附性能弱于 CH_4,为了进行全面对比分析,使用各矿的 7#、8#、9# 煤样进行 N_2 吸附/解吸实验,实验压力分别为 0.5 MPa、1.0 MPa 和 1.5 MPa,实验结果见图 3-8。总体上来看,无论从单个实验吸附/解吸过程还是从

不同 N_2 压力对比来看,实验曲线均达不到 CO_2 和 CH_4 的实验效果。

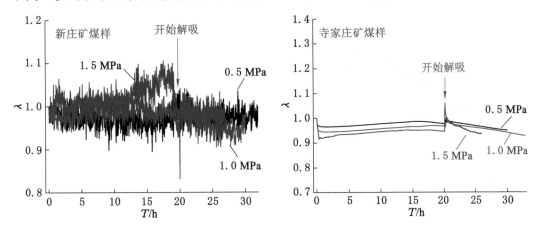

图 3-8 N_2 吸附/解吸过程 λ 变化图

新庄矿煤样吸附和解吸 N_2 过程中电阻率波动非常强烈,这是吸附效果不好的表现,但是电阻率在各阶段的总体变化趋势和 CO_2、CH_4 实验是一致的,吸附阶段电阻率升高,解吸阶段电阻率下降,而且升高和下降幅度也与气体压力呈正相关关系;寺家庄矿煤样实验曲线一直相对较平滑,但是由于 N_2 吸附量较小,吸附阶段电阻率未能有太大的变化,在开始解吸的瞬间,电阻率均有突升现象,其中 1.5 MPa 实验升高幅度最大,其次为 1.0 MPa,最小为 0.5 MPa。与 CO_2、CH_4 实验规律相比,N_2 实验开始解吸后电阻率发生突升—缓慢下降现象,可能是由于 N_2 吸附性能较弱,解吸后又与空气中的 CO_2 等气体存在竞争吸附。总体来讲,N_2 实验的电阻率变化幅度均很小。

3.4 气体吸附性能对煤体电阻率的影响

根据以上两节的实验结果,可以进行不同气体实验之间的横向比较。挑选 1.5 MPa 压力下的 CO_2、CH_4 和 N_2 实验数据进行对比,见图 3-9。

可以看出,对于同种煤样而言,CO_2、CH_4 和 N_2 实验过程煤体电阻率变化规律具有相同之处,新庄矿煤样电阻率为吸附过程升高,解吸过程降低,寺家庄矿煤样电阻率变化正好相反,这说明同种煤样电阻率变化趋势与气体种类无关,只与煤体的电性特征有关,但电阻率的变化幅度与气体种类有关。

对比不同吸附性能气体实验结果来看,在同一气体压力下,无论是新庄矿煤样还是寺家庄矿煤样,CO_2 实验时电阻率变化幅度最大,其次是 CH_4 实验,变化幅度最小的是 N_2 实验,这种规律与气体的吸附性能呈明显的对应关系,说明气体吸附性能越强,造成的煤体电阻率变化幅度也就越大。

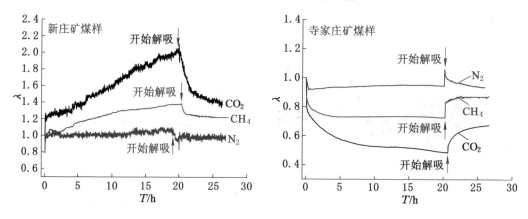

图 3-9　1.5 MPa 压力下不同气体吸附/解吸过程 λ 变化图

3.5　本章小结

（1）建立了瓦斯吸附/解吸过程煤体电阻率变化实时测试系统,测试并分析了不同煤样在不同气体压力及气体种类条件下的电阻率变化规律,实验结果表明:不同的煤样在实验过程中电阻率变化特征也有所不同,以离子导电性为主的煤体随吸附过程电阻率呈上升趋势,以电子导电性为主的煤体随吸附过程电阻率呈下降趋势。气体解吸阶段煤体电阻率与吸附阶段总是呈相反的变化趋势,且两个阶段的初始时刻煤体电阻率都会发生突然变化。

（2）吸附/解吸过程中煤体电阻率变化幅度与瓦斯压力呈正相关关系,瓦斯压力越大,电阻率变化幅度就越大,CO_2 和 N_2 吸附/解吸实验规律也是如此。对于不同吸附性能的气体而言,煤体电阻率变化幅度和气体的吸附性能有关,表现为 $CO_2 > CH_4 > N_2$。

参考文献

[1] LEVY J H,DAY S,KILLINGLEY J S. Methane capacities of Bowen Basin coals related to coal properties[J]. Fuel,1997,76(9):813-819.

[2] AMARASEKERA G,SCARLETT M J,MAINWARING D E. Micropore size distributions and specific interactions in coals[J]. Fuel,1995,74(1):

115-118.

[3] 俞启香. 矿井瓦斯防治[M]. 徐州:中国矿业大学出版社,1992.

[4] KROOSS B M, BERGEN FVAN, GENSTERBLUM Y, et al. High-pressure methane and carbon dioxide adsorption on dry and moisture -equilibrated pennsylvanian coals[J]. International journal of coal geology,2002, 51(2):69-92.

[5] 聂百胜,段三明. 煤吸附瓦斯的本质[J]. 太原理工大学学报,1998,29(4): 417-422.

[6] 温兴宏. 煤基碳材料对甲烷的吸附/解吸性能研究[D]. 西安:西安科技大学,2007.

[7] 王鹏刚. 不同温度下煤层气吸附/解吸特征的实验研究[D]. 西安:西安科技大学,2010.

[8] 文光才. 无线电波透视煤层突出危险性机理的研究[D]. 徐州:中国矿业大学,2003.

4 煤的导电机理与电阻率变化机制研究

本章首先从微观角度解释煤的导电机理和导电特性,分析常规因素对煤体电阻率的影响,在理论分析的基础上,结合前文的实验结果,重点分析应力和瓦斯对煤体电阻率的作用机制。

4.1 煤的导电机理

由前人研究成果可知,煤是一种大分子结构物体,这一观点已成为研究者们的共识[1]。煤结构的主体是由三维空间高度交联的非晶质的高分子聚合物构成的。煤的大分子由许多结构相似但又不完全相同的基本结构单元聚合而成,可以看作由 3 个层次组成,即煤大分子的主体结构单元为缩聚芳香核和氢化芳香核;在结构单元的外围分布有其他各种原子基团,包括脂肪基、含氧基和杂原子团等;煤分子基本结构之间通过桥键联结为煤分子[2]。这 3 个层次均与基本结构单元有关。与此同时,煤的有机结构中,在芳香核的周边还存在大量的原子基团。这些基团有酸性的、碱性的,还有些是极性的,它们的存在对煤大分子间的互相作用及煤体对瓦斯的吸附作用都有重要的影响,使得煤体对瓦斯有着很强的吸附能力。对于多核芳香物质,即使是纯净化学物质的形式,也具有半导体的行为。

煤的大分子之间存在交联键,交联键分为化学键和非化学键两大类。化学键主要是指—C—C—键和—O—键,与桥键的化学本性相同,但稳定性低于桥键。非化学键包括范德瓦耳斯力和氢键力,对煤化程度较低的煤以氢键为主,而对于煤化程度较高的煤则以范德瓦耳斯力主。

低煤化程度的煤芳香环缩合度较小,但是侧链、桥键和官能团较多,低分子化合物较多但其结构没有方向性,孔隙率和比表面积也较大。随煤化程度的加深,芳香环的缩合程度会逐渐增大,侧链、桥键和官能团逐渐减少,分子内部的排列顺序逐渐有序化,煤分子结构经历从非晶态到准晶态再到晶态的过程,煤分子的排列也逐渐向芳香环高度缩合的石墨结构转化。煤的许多物理化学性质在中变质程度的烟煤(肥煤和焦煤)处呈现转折点,标志着煤的结构由量变引起质变的趋势。图 4-1 所示为不同煤的结构单元模型。

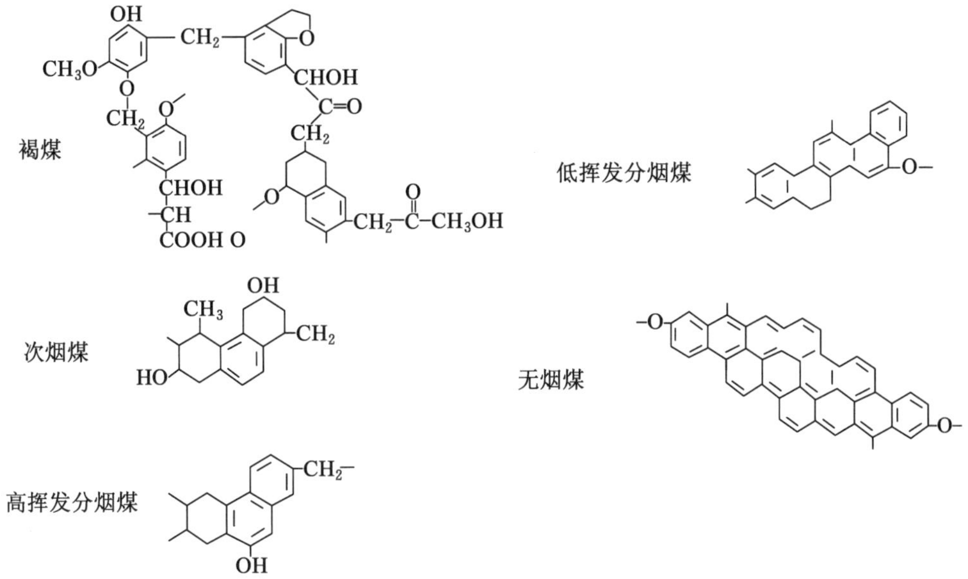

图 4-1 不同煤的结构单元模型[2]

煤在形成过程中,形成了一定数量的自由基,自由基起源、性质和数量发生了一定变化,可归纳为 3 个方面[3]:① 在成岩过程时期有机残存物形成的稳定自由基保存了下来;② 在煤变质过程中,由于热解作用造成某些基团的分裂;③ 在变质过程中,由辐射分解形成的自由基逐步失去,包括煤大分子中的羟基、羧基、甲基、甲氧基,同时 CH_4、H_2O 和 CO_2 等物质得以形成,这一系列的反应可能促成含氧基团和碳氢基团的生成。这意味着,只要生成的基团处于稳定状态,煤中的自由基数量就会增加,在电场作用下,自由电子做无规则运动并形成定向排列。随着电场强度的增高,基团中处于俘获状态的电子可转变为自由激发态电子,而使煤中的自由基显著增加,造成煤的导电性增强,电阻率下降,在碳含量小于 94% 时,煤中自由基的浓度随碳含量的增大呈指数函数趋势增加,如图 4-2 所示,这是煤电阻率随煤变质程度的加深而减小的一个重要原因。

电阻率的倒数就是电导率 γ,即 $\gamma=1/\rho$。煤导电率与煤化度的关系如图 4-3 所示,可见,对于干燥的煤样(图中用实线表示)而言,煤的电导率随煤化度的提

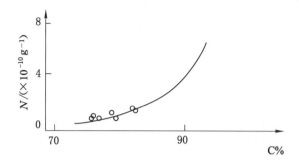

图 4-2　煤中自由基浓度随煤体变质程度的变化[3]

高而增加,当 $C_{daf} > 87\%$ 后电导率急剧增大,这是因为碳含量增加后分子内 π 轨道彼此相连,使自由电子的活动范围增大,在一定范围内有可能发生转移,从而导致电导率大幅度增大。从图 4-3 可以看出,到无烟煤阶段,由于煤体主要以自由电子的导电为主,电导率 γ 迅速增大,电阻率 ρ 迅速减小,同时电阻率 ρ 的变化范围非常大。

图 4-3 中虚线代表未干燥粉煤试样的电导率曲线,对于 $C_{daf} < 84\%$ 的煤化度较低的煤种,代表性的煤为褐煤和长焰煤,由于煤中水分含量大、孔隙率大,且可能存在部分能溶于水的酸性含氧官能团,比如羧基与酚羟基等,使得煤的离子导电性增强,因此煤化程度较低的煤电导率一般较高,并在一定范围内随水分的减小而降低。

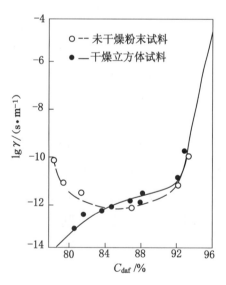

图 4-3　电导率与煤化程度的关系[2]

4.2　煤的导电特性

电介质在电场作用下能产生电流,是因为电介质中存在能够自由迁移的带电介质,即载流子。载流子在电场作用下会沿着电场方向获得宏观速度 v,迁移率 μ[单位 m·(vs)$^{-1}$]是指载流子在单位电场强度的作用下获得的平均速度,宏观速度 v 与电场强度 E 的关系为:

$$v = \mu E \tag{4-1}$$

假定电介质中载流子的浓度为 n_0,每个载流子电荷量为 q,在均匀电场 E 的作用下,如图 4-4 所示,在 Δt 内通过截面积 S 的电荷总量 ΔQ 为:

$$\Delta Q = q n_0 S \Delta l \tag{4-2}$$

式中　Δl——一定时间内载流子迁移距离。

其中:

$$\Delta l = v \Delta t$$

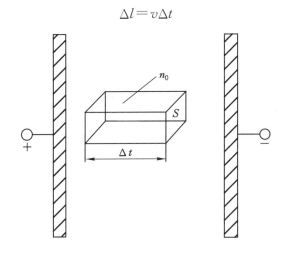

图 4-4　平行板电极间的载流子导电示意图[4]

通过电介质的电流为:

$$I = \frac{\Delta Q}{\Delta t} = q n_0 S v \tag{4-3}$$

电流密度为:

$$j = \frac{I}{S} = q n_0 v = q n_0 \mu E \tag{4-4}$$

由于有:

$$j = \gamma E \tag{4-5}$$

式中 γ——电导率，s/m。

于是有：

$$\gamma = q n_0 \mu \tag{4-6}$$

上式就建立了宏观电导率 γ 与微观参数的一般关系式[4]。

根据导电载流子的不同，电介质的导电类型可分为以下几种[4]：

① 电子导电性介质：载流子为带负电荷的电子。

② 离子导电性介质：载流子是离解后的原子或离子（原子团），可带正电荷也可带负电荷，并伴随有电解现象。

③ 胶粒导电性介质：载流子为带电的分子团（胶粒），如油中处于乳化状态的水等物质。

根据前人对煤体导电特性的研究可知，煤体的导电主要是由离子导电和电子导电构成的，对于所有的煤体而言均存在电子导电，一些学者认为煤的离子导电性主要是由水分和矿物质引起的[5-8]。

4.2.1 离子导电

处于一定位置做热振动的离子，当附近离子对它的作用势垒小于其自身获得能量时，离子便会跃迁到达相邻的另一位置处做热振动，如图 4-5 所示。在外电场作用下，势垒发生变化，沿电场的方向引起离子迁移，产生离子电流。这些离子经过迁移后，由于空间束缚作用而形成空间电荷。导电离子总是具有异性相吸性，所以电极的附近一般有较多的异性电荷，使得介质中的电场发生畸变。畸变后电极附近的电场强度增大，而导电介质中部的电场强度则削弱，如图 4-6 所示。

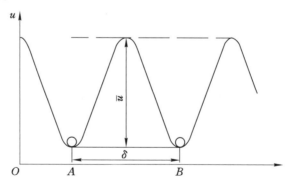

图 4-5 固体介质中的离子势能图[4]

首先对以下条件进行假设[4-5]：

① 离子振动频率为 v，在 A、B 等势能最低位置处做热运动；

② 离子热振动势能超过邻近分子或离子的束缚势垒 μ_0 即发生迁移；

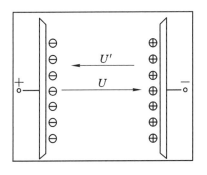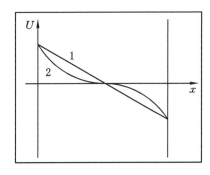

1—原始电位分布;2—畸变后的电位分布。

图 4-6　介质中空间电荷引起的电场分布变化[4]

③ 离子浓度为 n_0,近似认为沿 3 个互相垂直的 6 个方向做热振动且各方向迁移概率相等;

④ 离子热振动的能量规律服从 Boltzmann 分布。

由上述条件我们可得出沿某一方向上,每秒钟克服势垒做功迁移至新平衡位置的离子数:

$$n = \frac{n_0}{6} v e^{-\frac{u_0}{KT}} \qquad (4\text{-}7)$$

在电场 E 的作用下,每秒钟离子在电场方向产生的过剩迁移离子数目为:

$$\Delta n = n_{A \to B} - n_{B \to A} = \frac{n_0}{6} v e^{-\frac{u_0}{kT}} \left(e^{\frac{\Delta u}{kT}} - e^{\frac{\Delta u}{kT}} \right) \qquad (4\text{-}8)$$

在弱电场的作用下,$\Delta u = \frac{1}{2} \delta q E \ll kT$,$e^{\pm \frac{\Delta u}{kT}} \approx 1 \pm \frac{\delta q E}{2kT}$,因此有:

$$\Delta n = \frac{n_0 q \delta v}{6kT} e^{\frac{u_0}{kT}} \qquad (4\text{-}9)$$

式中　q——离子电荷;

　　　　δ——离子平均跃迁距离;

　　　　v——离子振动频率;

　　　　n_0——离子浓度;

　　　　μ_0——离子跃迁时需要克服的平均势垒。

在电场方向上,离子宏观平均漂移速率 v 为:

$$v = \frac{q \delta^2 v}{6kT} e^{-\frac{\mu_0}{kT}} E \qquad (4\text{-}10)$$

离子迁移率 μ 为:

$$\mu = \frac{q \delta^2 v}{6kT} e^{-\frac{\mu_0}{kT}} \qquad (4\text{-}11)$$

电介质的电导率 γ 为:

$$\gamma = \frac{n_0 q^2 \delta^2 \upsilon}{6kT} e^{-\frac{\mu_0}{kT}} \tag{4-12}$$

4.2.2 电子导电

按照离子迁移率的类似计算方法,可推导出电子跳跃电导迁移率和电导率的表达式与离子导电是完全一样的[5],区别是 δ 表示电子跳跃的平均距离,n_0 表示电子的浓度。

4.3 煤体电阻率的常规影响因素

煤体的电阻率 ρ 是反映煤体属性的一个重要物理量,国外学者很早就进行了大量的煤体电阻率的测试[9-10]。由于煤体所处地质环境复杂,煤体电阻率的影响因素非常多,且数值变化范围很大[11],绪论中已论述了煤体电阻率与突出危险要素之间的关系,下面从常规因素的角度对电阻率的影响因素进行分析。煤体电阻率常规影响因素分为内因和外因两个方面:内因主要指煤体自身的性质,包括变质程度[12-13]、湿度[14]、煤岩成分与杂质[15-16]、工业分析参数[17]等因素;外因主要指环境因素和测试因素,包括温度[14,18-19]、测试频率[20-21]、电场强度[3,12]、测试方向[22]等因素,见表 4-1。

表 4-1 煤体电阻率常规影响因素

影响因素归类	影响因素	煤体电阻率变化规律
内因	变质程度	褐煤电阻率较低,烟煤和无烟煤电阻率变化范围很大
	湿度	随湿度的增加,电阻率呈明显的下降趋势,但不同种类的煤变化的特征及幅度也不同
	煤岩组分与杂质	褐煤或烟煤电阻率随矿物杂质含量增高而降低,无烟煤的电阻率则随矿物杂质的含量增高而增大,但当无烟煤中含有大量黄铁矿时,会导致无烟煤的电阻率大幅度下降
	工业分析参数	电阻率随灰分的增加而增大,随水分和视密度的增加而减小,而孔隙率和挥发分则对电阻率的影响较小
外因	温度	非突出煤体的不同煤种电阻率随温度变化表现出的特征是不同的,这是煤的原始物质、煤体结构、水分和变质程度等因素共同影响的结果。但是对于突出煤体而言,随温度的升高煤体电阻率呈下降趋势
	测试频率	测试频率越高,测得电阻率就越低,反之亦然
	电场强度	电阻率随电场强度的升高呈指数衰减
	测试方向	沿层理面方向煤体电阻率较小,垂直层理方向煤体电阻率较大

需要说明的是,以上因素对煤体电阻率的影响规律仅为一般规律,由于煤体结构、成分和地质环境的复杂性,单一因素对煤体的影响规律也会发生改变,在井下现场以煤体作为探测对象时,往往受到多种因素耦合作用的影响,规律显现更为复杂。前文所做的实验中,主要研究应力和瓦斯对煤体电阻率的作用规律,针对某个矿井同一煤层进行规律分析,然后再进行横向对比,实验过程中尽量保持实验条件的一致性,以排除其他影响因素的干扰。对于某个矿井的同一煤层而言,煤种、工业分析参数、温度等可认为是不变的,因此研究单个煤层电阻率在应力和瓦斯作用下的变化规律显得更有实际意义。

4.4 应力对煤体电阻率的作用机制研究

根据第 2 章的实验结果来看,大部分的煤样在单轴压缩初期,电阻率随应力的升高而降低,这是因为煤体作为一种固体导电介质,主要是以电子导电为主,如城郊矿和寺家庄矿等煤样,在应力的作用下,煤体分子间的电子云发生重叠,电子在分子间的迁移率增加,使得电子导电率上升,电阻率下降。有些煤体是以离子导电为主,如新庄矿煤样,无论采用何种加载方式,在加载初期(煤体未发生破裂),电阻率总是随着应力的升高而升高,这是由于煤体在应力的作用下分子间距缩小,离子在分子间跃迁的自由空间减少,这将使离子跃迁困难,离子跃迁率降低,离子导电率下降,电阻率上升。无论以何种导电特性为主,在应力-应变过程中各煤样电阻率变化规律还是有一定差异性,这就与受载过程中煤体孔隙裂隙结构的演化有关。因此,煤体的导电特性和孔隙裂隙结构的演化是决定电阻率变化特征及规律的主要因素。下面分别进行论述。

4.4.1 煤的弱束缚离子导电机理

固体介质在电场作用下,往往主要是电子导电,介质中导电电子的来源主要包括来自电极和介质体内的热电子发射,场制冷发射及碰撞电离[4],大量实验研究结果表明,煤作为一种固体电介质,其电子导电特性是非常明显且普遍存在的,在煤体导电中起主导作用。

前人对煤体离子导电的描述总是局限于"由水分和矿物质引起的",即矿物质溶解于水中,并在煤体孔隙裂隙中形成离子溶液,从而造成离子导电性增强。本书认为,这种现象只有在煤体处于宏观水环境中才得以实现,在实验室煤样及大部分实际煤层中,煤的水分含量不大,从表 2-1 中的煤样工业分析可以看出,实验煤体的水分含量最大为 1.01%,最小仅为 0.61%,这种水分含量还不足以形成离子溶液或者只能形成极少的离子溶液,其对于离子导电的作用就微乎其微了,因此可以判断,煤体离子导电性应主要由矿物质引起的。

煤中所含矿物晶体种类较多,都可作为晶体无机电介质来讨论,根据电介质物理学理论中晶体无机电介质的离子导电理论,晶体介质的离子来源有以下两种:

(1) 本征离子导电

离子晶体点阵上的基本质点即离子,在热振动作用下离开点阵形成载流子,构造离子导电,这种导电在高温作用下比较显著,因此也被称为"高温离子导电"。

(2) 弱束缚离子导电

与晶体点阵联系较弱的离子活化并形成载流子,这是杂质离子和晶体位错以及宏观缺陷处的离子引起的导电,它往往决定了离子的低温导电性。

在一般情况下,煤体处于常温环境中,因此对煤体离子导电的研究重点在其弱束缚离子导电性。由于煤体所含晶体杂质及种类较多,煤及其矿物成分在形成和演化过程中,不可避免地存在微观结构上的不完整及宏观结构上的缺陷,可归纳为晶格错位与宏观缺陷两因素,这两种作用共同构成了固体的弱束缚离子导电[4]。晶体矿物成分越复杂杂质离子越多,与晶体点阵联系较弱的离子活化而形成的载流子越多,在受外力作用时,晶格错位与宏观缺陷等作用越剧烈,离子电导越明显。

研究煤岩矿物晶体组分最有效的方法是 X-射线衍射法(XRD),本书实验采用德国布鲁克 AXS 有限公司的 D8ADVANCE 型 X-射线衍射仪,取等量各矿区煤样进行矿物成分分析,实验结果如图 4-7 所示。可以看出,新庄矿煤样所含伴随矿物种类较多,除常见的高岭石外,还有 4 种其他矿物。进一步利用扫描电子显微镜的能谱分析功能对各矿煤样所含元素进行分析(表 4-2),新庄矿煤样所含元素较多,分别为 Mg、Al、Si、Ca、Fe,说明煤体构成成分复杂,成分越复杂,越易造成晶格错位及宏观缺陷。由此可以判断,新庄矿煤样受外力作用时,其弱束缚离子导电作用会很明显甚至大于电子导电,以至于可能导致其离子导电性占主导地位。

4.4.2 孔隙裂隙演化对电阻率的影响

煤的破坏是一个发生变形和破裂的过程。煤体中的孔隙、裂隙、新产生的裂纹对煤的电阻率有很大的影响[23]。秦跃平[24]从理论和实验上对压缩过程中煤岩孔隙变化规律进行了研究,通过典型煤样和砂岩的实验结果表明,煤岩体孔隙率都是随着载荷的增大呈先减小后增大的规律,如图 4-8、图 4-9 所示。煤岩是一种多孔介质,介质内部存在大量的孔隙裂隙,在加载初期,随着载荷的增加,试

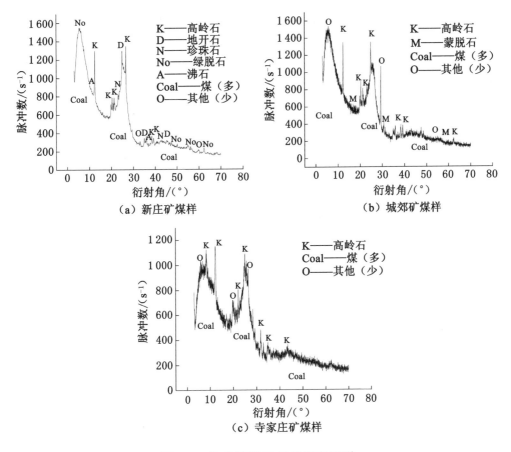

图 4-7　各矿煤样 X 射线衍射图谱

表 4-2　SEM 能谱分析数据

煤样	元素名称	质量百分比/%	原子百分比/%
新庄矿煤样	Mg	1.264 4	1.669 8
	Al	19.748 0	23.500 5
	Si	49.561 2	56.659 2
	Ca	5.536 3	4.435 2
	Fe	23.890 1	13.735 3
城郊矿煤样	Al	31.886 9	33.556 1
	Si	60.126 5	60.785 9
	Ca	7.986 6	5.658 0
寺家庄矿煤样	Al	35.378 3	36.214 0
	Si	64.621 7	63.786 0

样中孔隙裂隙被压实,此时试样煤样损伤没发生或损伤很小,因此孔隙率逐渐减小;当载荷达到一定程度后,试样发生损伤演化,内部裂隙开始萌生、形成、贯通并扩展,孔隙率逐渐增大,因此可以讲,孔隙率的变化反映了煤岩体损伤演化过程。

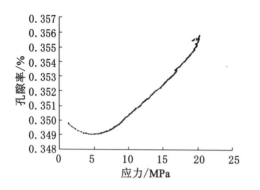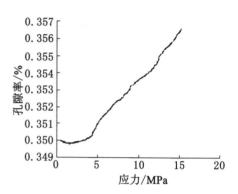

图 4-8　典型煤样单轴压缩应力-孔隙率曲线[24]

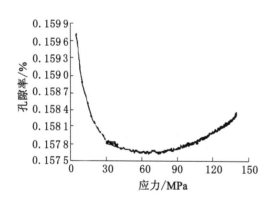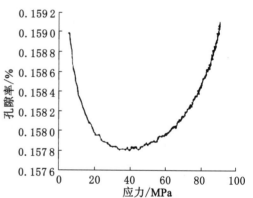

图 4-9　典型砂岩单轴压缩应力-孔隙率曲线[24]

3 个矿的煤样均属于无烟煤,使用美国麦克公司生产的 9310 型压汞仪对煤样进行了压汞实验,通过压汞实验数据(表 4-3)可以看出,无烟煤其内部孔隙是以微孔、小孔为主且均匀分布,破坏后的煤样其微孔、小孔和中孔比例减小,而大孔和可见孔比例增大,说明在加载初期,以相对均匀的微小孔隙、裂隙为主的缺陷较匀速地不断被压缩闭合,煤体结构趋于致密,孔隙率减小,根据煤体导电特性的不同,电阻率会随压力的升高而降低(电子导电)或升高(离子导电),随着新生裂隙的产生和扩展加剧,大孔和可见孔增多,孔隙率总体上是增大的,煤体导电通道受到切割或阻碍,所以无论是何种导电特性的煤体,电阻率均迅速上升。对于不同的加载方式而言,电阻率的变化取决于压力是否引起了煤体结构的变化。

表 4-3　压汞实验参数

取样地点	样品编号	孔隙体积百分比/%					孔隙率/%
		微孔	小孔	中孔	大孔	可见孔	
新庄矿	1	58.823 5	28.483 0	4.644 0	6.192 0	1.857 6	4.011 9
	1′	57.585 1	27.554 2	3.405 6	8.668 7	2.786 4	4.299 1
城郊矿	2	58.204 3	28.483 0	3.715 2	6.811 2	2.786 4	3.963 4
	2′	53.681 0	26.380 4	3.067 5	15.030 7	1.840 5	4.115 9
寺家庄矿	3	55.555 6	26.426 4	4.504 5	10.810 8	2.702 7	4.316 8
	3′	53.387 5	21.951 2	2.439 0	15.718 2	6.504 1	4.752 3

备注:1 号表示原始煤体,1′号表示单轴压缩破坏后的煤体。

　　通过扫描电镜实验,可对比分析实验煤样原始煤体和实验破坏后煤体的表面特征(图 4-10),新庄矿和城郊矿煤样均为永夏矿区优质无烟煤,孔隙分布规律较一致,均以针眼状微孔和小孔为主,煤体表面较平滑,孔隙率较接近;大安山矿煤样也为无烟煤,以大孔为主,微孔次之,煤体表面粗糙,但整体较致密,孔隙率较小(图 4-10)。在应力作用下,煤的破坏主要是由于在载荷作用下内部裂纹产生、扩展及汇合造成的。因此,煤的破坏是一个发生变形或破裂的过程。对于实验破坏后的煤体,其表面形态发生了很大的变化,可以明显地观察到次生裂隙,原有的孔隙裂隙在破坏后也发生了导通现象。

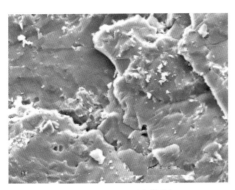

（a1）新庄矿原始煤样　　　　　　　　（a2）新庄矿破坏后煤样

图 4-10　实验煤样破坏前后表面形态图

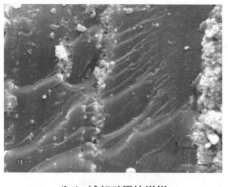
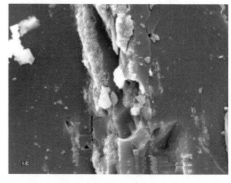

（b1）城郊矿原始煤样　　　　　　　（b2）城郊矿破坏后煤样

（c1）寺家庄矿原始煤样　　　　　　　（c2）寺家庄矿破坏后煤样

图 4-10（续）

4.5　瓦斯吸附/解吸过程煤体电阻率变化机制研究

4.5.1　瓦斯对煤体电阻率的作用机制

煤体吸附瓦斯后,本身的导电性会发生变化,这在煤的电性参数研究领域已达成共识。对于不同煤矿的煤样而言,吸附瓦斯压力对煤体电阻率的影响也不同。文光才[5]认为瓦斯对煤电阻率的影响是吸附瓦斯和游离瓦斯共同作用的结果,该说法得到了研究者的广泛认可。因此,根据吸附瓦斯和游离瓦斯对煤体的共同作用,分以下 3 个方面分析瓦斯对煤体电阻率的作用机制:

（1）由于吸附作用是一个放热过程,煤体释放出的吸附热使其孔隙表面能下降,因此煤体对表面杂离子和表面电子的束缚作用减弱,杂离子和电子在孔隙表面上的迁移变得容易,导电性增强,电阻率下降。

（2）甲烷分子渗透到煤的大分子间隙,使骨架发生一定的膨胀,煤体中瓦斯压力越高,膨胀效应越大,分子间的相互作用越弱,从而使导电能垒下降,电阻率下降。

(3)煤体吸附瓦斯过程中,始终被大量的游离瓦斯包裹,具有一定压力的游离瓦斯对煤体有挤压作用,使得煤骨架发生收缩变形,煤体内导电通道受到挤压作用变得更加致密;同时由于煤体的膨胀效应[25],缸体内壁将向煤体施加反作用力,也使得煤体处于挤压受力状态。瓦斯压力越大,两种挤压作用越强,这种作用类似于应力对煤体电阻率的影响,煤体电阻率会随着瓦斯压力的升高而降低(电子导电)或升高(离子导电)。

由上述分析可知,瓦斯吸附过程煤体电阻率的变化规律最终还是由煤体的导电特性决定的,对于以电子导电为主的煤体,瓦斯吸附过程电阻率呈下降趋势,而对于以离子导电为主的煤体,瓦斯吸附过程电阻率有可能上升也有可能下降,其变化趋势是以上 3 种瓦斯作用机制综合影响的结果。在本书的实验中,寺家庄矿煤样属于典型的以电子导电为主的煤样,在瓦斯吸附过程中电阻率都呈下降趋势,且电阻率曲线较平滑。而新庄矿煤样可能是由于离子作用占主导地位,因此在瓦斯吸附过程中电阻率呈上升趋势,但是电阻率曲线波动性较强,这也充分说明了电阻率的变化特征是由不同的变化机制共同决定的。

气体吸附/解吸过程煤体电阻率特征除与导电特性有关外,还与吸附气体压力和气体种类有很大关系。对于指定的煤,在一定的温度与压力下,CO_2 的吸附量比 CH_4 大,而 CH_4 的吸附量又比 N_2 大(图 4-11),煤的吸附气体含量随着吸附压力的增大而增大,吸附态和游离态的 CO_2、CH_4 和 N_2 分别服从朗格缪尔方程和自由气体状态方程。随着瓦斯压力的升高电阻率变化幅度增大,这是因为瓦斯压力升高导致吸附瓦斯和游离瓦斯对煤体的共同作用增强,才导致了电阻率呈现此种变化规律,CO_2 和 N_2 吸附/解吸过程也是如此。同一压力和温度条件下,CO_2、CH_4 和 N_2 吸附/解吸过程电阻率变化幅度依次减小,这也是由于气体吸附能力减弱了,瓦斯压力的作用也减弱了,因此电阻率的变化幅度就减小了。

煤体吸附气体平衡后,打开阀门释放气体进行解吸,此时电阻率曲线与吸附阶段趋势相反,且在初始时刻由于解吸剧烈电阻率会发生突变,解吸一定时间后煤体电阻率并不能恢复到初始值,这是由煤体的部分不可逆变形决定的[27]:虽然煤对瓦斯的吸附属于物理吸附,但解吸过程伴随的变形并不按照吸附过程的原轨迹返回,由于试样周围的瓦斯气体产生的围压迅速卸载,使得煤体内微孔隙和微裂隙迅速闭合,瓦斯的运移通道受到制约,原来借助于气体压力楔入煤体基质的瓦斯不能释放出来,因此总会有一部分的不可逆变形存在。

4.5.2 含瓦斯煤力学特性及其对电阻率的影响

研究煤与瓦斯突出问题的核心是研究含瓦斯煤的力学特性,即含瓦斯煤在

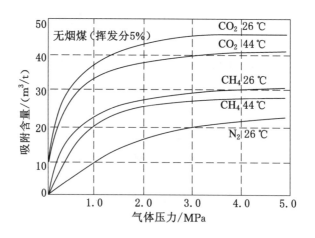

图 4-11　等温吸附曲线[26]

地应力和瓦斯压力共同作用下的力学变形和破坏准则[28]，这对煤体电阻率会产生重要影响。瓦斯吸附/解吸行为会引起煤体积发生变化，即吸附过程会造成体积膨胀、解吸过程会引起体积收缩，对此现象已有一些学者对其进行了实验研究[29-31]，并取得了一定的成果。文献[28]指出，吸附膨胀应力的存在将削弱煤体的强度，使煤体脆性度增大，其失稳破坏越容易发生，使煤体失稳破坏进程加速[32]，因而更易发生煤岩动力灾害。在井下实际环境中，煤体受到的应力则包括了地应力、瓦斯压力、吸附膨胀应力等[33-34]，使得煤体受力状态更为复杂，通过对瓦斯吸附/解吸过程煤体电阻率的研究，探索含瓦斯煤的力学特性对煤体电阻率的影响，对于以后用电阻率方法研究含瓦斯煤的力学特性具有重要的理论和现实意义。

　　由能量最低原理可知，系统的能量越低则会越稳定，所以煤体总是力图吸引其他物质以降低自身的表面能。煤体吸附瓦斯后，表面能降低：一方面，表面层附近的瓦斯气体分子对煤体物质分子产生吸引力，当煤体孔隙吸附瓦斯后，煤的孔隙表面层厚度增加；另一方面由于瓦斯压力的作用，孔隙气体抵抗煤体沿孔隙表面外法线方向发生变形，使得孔隙体积的减少受阻，从而力求使变形朝本体相内部方向发生，即游离瓦斯的作用力求孔隙体积扩大。综合来讲，吸附瓦斯后煤体发生膨胀变形[35]。还有一种与膨胀变形相反的作用力，即在瓦斯压力的作用下，煤的骨架受压发生了收缩，这种现象也是不可忽略的。在相同瓦斯压力变化范围内，单位体积的煤体骨架在瓦斯压力的作用下吸附膨胀量大于受压收缩量，整体上仍表现为体积膨胀增大。

　　煤是一种孔隙裂隙发育体，在外加电压作用下，孔隙裂隙本身可视为绝缘体，并不参与导电，只有煤基质才能传导电流，我们称之为导电通道（图 4-12）。在外界环境的作用下，煤体电阻率是否发生变化，本质上取决于导电通道的物理力学特征是否发生了变化。

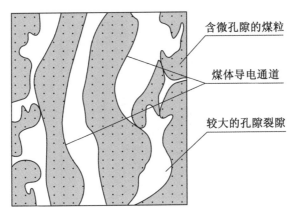

图 4-12　煤体导电通道示意图

　　煤体吸附瓦斯过程中,孔隙瓦斯压力不断增大,直至达到吸附平衡。吸附瓦斯后煤体发生膨胀变形,从而产生膨胀应力。在吸附平衡时刻,吸附膨胀应力和游离瓦斯压力共同作用于煤体导电通道。煤粒为构成导电通道的基本单元,煤粒的受力状态直接决定了导电通道的受力状态。

　　对煤粒进行受力分析(图 4-13),假设煤粒受约束于密封条件下,密封体内部充满瓦斯,吸附瓦斯后煤粒的受力状态发生变化,煤粒所受的力由支撑作用力和瓦斯压力 p 共同组成,支撑作用力是由膨胀应力产生的,瓦斯压力越大,膨胀应力越大,支撑作用力也就越大,煤粒所受挤压作用也越强烈。由于煤体导电通道就是由无数含微孔隙的煤粒组成的,煤粒在微观上受挤压作用,在宏观上就表现为煤体导电通道受到挤压作用。

　　在井下,膨胀应力之所以会产生,跟煤层所处的地质环境有很大关系,矿井中煤体周围均被封闭并处在高地应力的状态下,当煤粒吸附瓦斯发生膨胀,必然会受到有限空间的限制而产生膨胀应力。本实验中煤体同样受到边界约束,与煤层瓦斯赋存地质环境相似。在含瓦斯煤力学特性的研究中,膨胀应力是不可忽略的一个重要因素,定量化研究膨胀应力的作用,有助于深入揭示瓦斯吸附/解吸过程中电阻率的变化机制。

　　由于各向同性的线弹性煤体各向的瓦斯压力、膨胀应力和应变均相同,忽略外界温度差对煤体变形的影响,可以得出在瓦斯压力作用下单位体积煤体各向各向总膨胀应力 σ_s[197]:

$$\sigma_s = \frac{2a\rho_s RT(1-2\upsilon)}{3V_m}\ln(1+bp) \tag{4-13}$$

式中　　a——吸附常数,m^3/t;

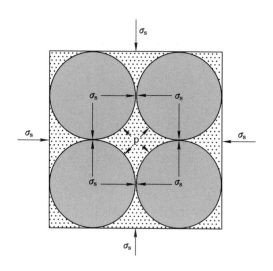

图 4-13　煤粒受力分析示意图

b——吸附常数，MPa^{-1}；

ρ_{s}——视密度，$\mathrm{t/m^3}$；

ν——泊松比；

V_{m}——气体摩尔体积，$V_{\mathrm{m}}=22.4\times10^{-3}\,\mathrm{m^3/mol}$；

R——摩尔气体常数，$R=8.314\ 3\ \mathrm{J/(mol\cdot K)}$；

T——煤体绝对温度，K；

p——瓦斯压力，MPa。

根据式（4-13）及表 4-4，可计算出瓦斯压力与膨胀应力之间的关系，如图 4-14 所示。可以看出，膨胀应力随瓦斯压力的增大而增大，在改变导电通道受力状态的作用中，膨胀应力是不可忽略的一部分。

表 4-4　煤层物性参数表

煤样来源	a /$(\mathrm{m^3\cdot t^{-1}})$	b /$\mathrm{MPa^{-1}}$	ρ_{s} /$(\mathrm{t\cdot m^{-3}})$	ν	V_{m} /$(\mathrm{m^3\cdot mol^{-1}})$	R /$[\mathrm{J\cdot(mol\cdot K)^{-1}}]$	T /K
新庄矿	38.266 4	1.127 1	1.213	0.293	0.022 4	8.314 3	298
寺家庄矿	25.178 7	1.365 1	1.306	0.287	0.022 4	8.314 3	298

无论是在瓦斯吸附过程还是吸附瓦斯压力增大过程，煤粒之间的膨胀应力和瓦斯压力都会增大，导致煤体导电通道受挤压作用更加强烈，这种挤压作用在本质上与应力对煤体的作用原理是一致的，煤体单纯在应力的作用下，电阻率会随煤体导电特性的不同而呈现不同的变化趋势，而在瓦斯吸附阶段，新庄矿煤样

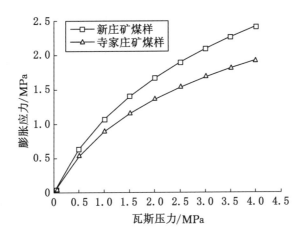

图 4-14　瓦斯压力与膨胀应力的关系

电阻率呈上升趋势,寺家庄矿煤样电阻率呈下降趋势,该规律与单轴压缩初期应力作用下煤体电阻率的变化规律具有一致性,因此可以讲,瓦斯对电阻率的作用在一定程度上与应力的作用原理是一致的,从本质上讲都是煤体导电通道受到外力作用而改变了力学特性,从而影响了电阻率的变化。

　　由于瓦斯吸附/解吸是一个非常复杂的过程,煤体电阻率存在多种不同的变化机制。由 4.5.1 的分析可知,瓦斯吸附过程煤体电阻率的变化规律最终还是由煤体的导电特性决定的,对于以电子导电为主的煤体,瓦斯吸附过程电阻率呈下降趋势,而对于以离子导电为主的煤体,瓦斯吸附过程电阻率有可能上升也有可能下降,其变化趋势是三种机制综合作用的结果。

　　在本书的实验中,寺家庄矿煤样属于以电子导电为主的煤样,这也是煤的主要导电方式,在瓦斯吸附过程中电阻率都呈下降趋势,且电阻率曲线较平滑。而新庄矿煤样可能是由于离子作用占主导地位,因此在瓦斯吸附过程中电阻率呈上升趋势,但是电阻率曲线波动性较强,这也充分说明了电阻率的变化特征是由不同的变化机制共同决定的。

　　对比受载煤体电阻率变化规律和瓦斯吸附/解吸过程煤体电阻率变化规律来看,不同导电特性的煤体在两种实验过程中各自存在一定的内在规律和联系。对于离子导电性为主的煤体,以新庄矿煤样为例,单轴压缩加载初期电阻率随着载荷的增大而增大,在吸附瓦斯的过程中也出现了随着吸附时间和吸附瓦斯压力的增大而增大的现象。而对于电子导电性为主的煤体,以寺家庄矿煤样为例,单轴压缩加载初期电阻率随着载荷的增大而持续减小,在吸附瓦斯的过程中也随着吸附时间和吸附瓦斯压力的增大而减小。因此可以看出,虽然两种实验方法不同,煤体受力条件不同,但同一种导电特性的煤体电阻率总是表现出统一的变化规律,从本质上来讲就是煤体力学特性对电阻率产生作用,并在瓦斯对煤体的综合作用机制下表现出来的现象。

4.6 本章小结

(1) 煤的大分子结构对其导电性起主要作用,煤大分子中的基团含量和种类不同,其导电机理上也不同;煤的导电主要是由离子导电和电子导电所构成的,电子导电占主体地位;煤体电阻率的影响因素众多,包括煤体自身性质、环境因素和测试因素等都会对测试结果造成影响。

(2) 提出了煤的弱束缚离子导电机理,认为煤体在受外力作用时,煤体内部的晶格错位与宏观缺陷等作用使得弱束缚离子容易活化并形成载流子,导致离子导电性增强,通过 X-射线衍射和扫描电镜能谱分析实验进行了验证。通过压汞实验和扫描电镜实验,研究了受载煤体孔隙裂隙演化过程。揭示了煤体导电特性和孔隙裂隙结构的演化是决定其受载过程电阻率变化特征的主要因素。

(3) 基于煤体瓦斯的吸附/解吸特性,研究了瓦斯对煤体电阻率的作用机制,分析了含瓦斯煤力学特性及其对煤体电阻率的影响,提出了含瓦斯煤力学特性是瓦斯对煤体电阻率造成影响的根本因素的观点。

(4) 针对同一导电特性的煤体在单轴压缩初期与瓦斯吸附阶段电阻率变化规律的一致性现象,从本质上来讲就是煤体力学特性对电阻率产生作用,并在瓦斯对煤体的综合作用机制下表现出来的现象。

参考文献

[1] 张代钧,鲜学福.煤中大分子结构的 X 射线衍射研究[J].高等学校化学学报,1990,11(8):912.

[2] 虞继舜.煤化学[M].北京:冶金工业出版社,2000.

[3] 张广洋,谭学术,杜贵云,等.煤的导电机理研究[J].湘潭矿业学院学报,1995,10(1):15-18.

[4] 陈季丹,刘子玉.电介质物理学[M].北京:机械工业出版社,1982.

[5] 文光才.无线电波透视煤层突出危险性机理的研究[D].徐州:中国矿业大学,2003.

[6] 康建宁.电磁波探测煤层突出危险性指标敏感性研究[D].北京:煤炭科学研

究总院,2003.

［7］徐龙君.突出区煤的超细结构、电性质、吸附特征及其应用的研究［D］.重庆:
重庆大学,1996.

［8］孟磊.煤电性参数的实验研究［D］.焦作:河南理工大学,2010.

［9］SHREEMAN NARAYAN TIWARY,MUKHDEO. Measurement of electrical resistivity of coal samples［J］. Fuel,1993,72(8):1099-1102.

［10］ZUBKOVA V,PREZHDO V. Change in electric and dielectric properties of some Australian coals during the processes of pyrolysis［J］. Journal of analytical and applied pyrolysis,2006,75(2):140-149.

［11］岳建华,刘树才.矿井直流电法勘探［M］.徐州:中国矿业大学出版社,2000.

［12］陶著.煤化学［M］.北京:冶金工业出版社,1984.

［13］原永涛,赵毅,张建平.不同煤化程度煤种对飞灰导电特性影响的实验研究［J］.中国环境科学,1997,17(5):450-461.

［14］徐宏武.煤层电性参数的测试和研究［J］.煤田地质与勘探,1996,24(2):53-56.

［15］徐宏武.煤层电性参数测试及其与煤岩特性关系的研究［J］.煤炭科学技术,2005,33(3):42-46,41.

［16］邵震杰,任文忠,陈家良.煤田地质学［M］.北京:煤炭工业出版社,1993.

［17］王云刚,魏建平,刘明举.构造软煤电性参数影响因素的分析［J］.煤炭科学技术,2010,38(8):77-80.

［18］吕绍林,何继善.瓦斯突出煤体的导电性质研究［J］.中南工业大学学报,1998,29(6):511-514.

［19］万琼芝.煤的电阻率和相对介电常数［J］.煤矿安全技术,1982,9(1):17-24.

［20］BRACH I,GIUNTINI J C,ZANCHETTA J V. Real part of the permittivity of coals and their rank［J］. Fuel,1994,73(5):738-741.

［21］徐龙君,刘成伦,鲜学福.频率对突出区煤导电性的影响［J］.矿业安全与环保,2000,27(6):25-26.

［22］徐龙君,张代钧,鲜学福.煤的电特性和热性质［J］.煤炭转化,1996,19(3):56-62.

［23］杨耸.受载含瓦斯煤体电性参数的实验研究［D］.焦作:河南理工大学,2012.

［24］秦跃平,王丽,李贝贝,等.压缩实验煤岩孔隙率变化规律研究［J］.矿业工

程研究,2010,25(1):1-3.

[25] 陶云奇,许江,彭守建,等.含瓦斯煤孔隙率和有效应力影响因素试验研究[J].岩土力学,2010,31(11):3417-3422.

[26] 俞启香.矿井瓦斯防治[M].徐州:中国矿业大学出版社,1992.

[27] 刘延保,曹树刚,李勇,等.煤体吸附瓦斯膨胀变形效应的试验研究[J].岩石力学与工程学报,2010,29(12):2484-2491.

[28] 卢平,沈兆武,朱贵旺,等.含瓦斯煤的有效应力与力学变形破坏特性[J].中国科学技术大学学报,2001,31(6):687-693.

[29] 陈金刚,张世雄,秦勇,等.煤基质收缩能力内在控制因素的试验研究[J].煤田地质与勘探,2004,32(5):26-28.

[30] 傅雪海,秦勇,张万红.高煤级煤基质力学效应与煤储层渗透率耦合关系分析[J].高校地质学报,2003,9(3):373-377.

[31] 孙可明,梁冰,王锦山.煤层气开采中两相流阶段的流固耦合渗流[J].辽宁工程技术大学学报(自然科学版),2001,20(1):36-39.

[32] 李祥春,郭勇义,吴世跃,等.煤体有效应力与膨胀应力之间关系的分析[J].辽宁工程技术大学学报(自然科学版),2007,26(4):535-537.

[33] 李传亮,孔祥言,徐献芝,等.多孔介质的双重有效应力[J].自然杂志,1999,21(5):288-292.

[34] 刘鸿文.材料力学(上册)[M].北京:高等教育出版社,1982.

[35] 何学秋,王恩元,林海燕.孔隙气体对煤体变形及蚀损作用机理[J].中国矿业大学学报,1996,25(1):6-11.

5 煤与瓦斯突出演化过程的直流电法响应

电法勘探是属于地球物理勘探的一个重要分支,其中直流电法技术发展历程主要为:常规电法→高密度电法→网络并行电法。本章通过建立煤与瓦斯突出模拟及网络并行电法实验系统,进行了大尺度原煤试样实验、突出和压出模拟实验,以寻找突出演化过程直流电法响应规律,为现场应用奠定基础。

5.1 网络并行电法技术

5.1.1 直流电法基本原理

电法勘探是以岩石电磁学性质及电化学性质的差异作为基础,通过观测研究天然电磁场或人工建立的电磁场的空间和时间分布规律,以解决地质问题的一种地球物理勘探方法[1]。分类方法[2]见表 5-1。

电法勘探通常可分成两大类,即传导类电法和感应类电法。前者主要以各种直流电法为主,如电阻率法、自然电场法、充电法和激发极化法;后者主要以交流电法为主,如大地电磁测深法、频率电磁测深法、瞬变电磁测深法。

人工场源(主动场)直流电法中最重要的方法为电阻率法,同时也是电法勘探中最重要的方法之一。如果不考虑观测手段的差异,仅从利用的物理参数而言,直流电阻率法、瞬变电磁法(TEM)、可控源音频大地电磁法(CSAMT)等均属于电阻率法的范畴,这里指的电阻率法只针对直流电阻率法,直流电阻率法基本原理为:将直流电源的两端通过埋设地下的两个电极 A、B 向大地供电,在地面以下的导电半空间建立起稳定电场。该稳定电场的分布状态取决于地下不同电阻率的岩层(或矿体)的赋存状态。如果地下存在导电性不同的岩层和矿体,它们就会影响电场的分布,良导体对电流有"吸引"作用,导电性差的则对电流有"排斥"作用。因此,当地下存在导电性差的地质体时,由于它对电流的"排斥"作

表 5-1　电法勘探分类及应用

类别	场的性质	方法名称			应用
直流电法	天然场	自然电场法		电位法	测地下水流向,地下水与地表水的补给关系;石墨化、黄铁矿地层填图;查河床、水库底渗漏;寻找金属硫化矿床
				梯度法	
	人工场	电阻率法	电剖面法	联合剖面法	填图;追索断层破碎带;确定基岩起伏,追索各种高低阻陡倾斜地电体及接触面;查岩溶发育带
				对称四级剖面法	
				中间阶梯法	
				偶极剖面法	
			电测探法	偶极电测深法	划分近水平层位,确定含水层厚度、埋深;划分咸淡水界面;查构造,探测基岩埋深,风化壳厚度
				对称四级电测深法	
				三级电测深法	
				环形电测深法	
		高密度电法			应用同电剖面和电测深法
		激发极化法		各类剖面法	寻找金属硫化物矿床;地下水勘探;石油勘探
				各类测深法	
		充电法		电位法	追索地下暗河、冲水裂隙带;了解地下水流速、流向;查坝基渗漏点
				梯度法	
交流电法	天然场	大地电磁测深法			查区域构造,石油勘探,地壳上地幔研究
	人工场	频率电磁测深法			应用同直流电测深,适用于大深度探测
		瞬变电磁测深法			应用同直流电测深,适用于中大深度探测
		电磁法(地面及航空测量)			填图、找水

用,使电流远离它本身而流过;而当地下存在有良导体时,它将对电流有"吸引"作用,使大部分电流通过其本身(图5-1)。这样,在地表观测到的电场将发生畸变,通过对畸变电场的分析,判断地下不同导电性地质体的赋存状态。

为测定均匀大地的电阻率,通常在大地表面布置对称四极装置,即两个供电电极 A、B,两个测量电极 M、N(图5-2)。

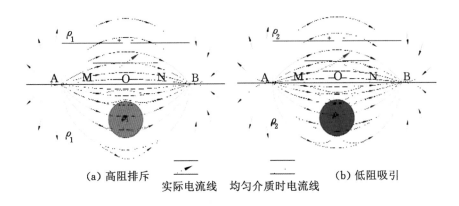

图 5-1　高、低阻异常体对电流场的扰动

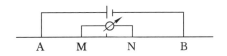

图 5-2　对称四极装置图

当通过供电电极 A、B 向地下发送电流 I 时,就在地下电阻率为 ρ 的均匀半空间建立起稳定的电场。在 MN 处观测电位差 ΔU_{MN} 大小。均匀大地电阻率计算表达式为:

为:

$$\rho = \frac{2\pi}{\dfrac{1}{\overline{AM}} - \dfrac{1}{\overline{BM}} - \dfrac{1}{\overline{AN}} + \dfrac{1}{\overline{BN}}} \frac{\Delta U_{MN}}{I} = K \frac{\Delta U_{MN}}{I} \tag{5-1}$$

其中,$K = \dfrac{2\pi}{\dfrac{1}{\overline{AM}} - \dfrac{1}{\overline{BM}} - \dfrac{1}{\overline{AN}} + \dfrac{1}{\overline{BN}}}$ 称为装置系数,其单位为 m。装置系数 K 的大

小仅与供电电极 A、B 及测量电极 M、N 的相互位置有关。当电极位置固定时,K 值即可确定。

在均匀各向同性的介质中,不论布极形式如何,根据测量结果,计算出的电阻率始终等于介质的真电阻率 ρ。这是由于布极形式的改变,可使 K 值和 I 及 ΔU_{MN} 也作相应的改变,从而使 ρ 保持不变。在实际工作中,常遇到的地电断面一般是不均匀和比较复杂的。当仍用四极装置进行电法勘探时,将不均匀的地电断面以等效均匀断面来替代,故仍然套用式(5-1)计算地下介质的电阻率。这样得到的电阻率不等于某一岩层的真电阻率,而是该电场分布范围内,各种岩石

电阻率综合影响的结果,称之为视电阻率,并用 ρ_z 符号表示:

$$\rho_z = K \frac{\Delta U_{MN}}{I} \qquad (5\text{-}2)$$

这是视电阻率法中最基本的计算公式[1]。电阻率法更确切地说应称作视电阻率法,它是根据所测视电阻率的变化特点和规律去发现和了解地下的电性不均匀体,揭示不同的电断面的情况,从而达到探测异常体的目的。

5.1.2 网络并行电法

网络并行电法为直流电阻率法的一种,是在高密度电法基础之上发展起来的一种新技术。传统的高密度电法仪器均为一次供电,测量电极测一次值,电极间的转换依靠电极转换器实现,实现了一次布极,由电极转换装置自动实现多种电极组合测量方式,其最大的特点是自动电极转换器代替了人工跑极,提高了工作效率,与传统的电剖面、电测深相比是一次飞跃。尽管与常规电法相比,已大大提高了工作效率,但现场采集数据仅得到视电阻率值,不能反映电场的时间变化特征,并且现场施工强度大,工作时间较长。高密度电法工作原理如图 5-3 所示。通过转换开关改变装置类型,依次完成各种装置形式的视电阻率观测。一个记录点观测完后,通过转换开关自动转接下一组电极(即向前移动一个点距 x),以同样方法进行观测,直到电极间距为 a 的整条剖面观测完为止。之后,再选取电极距为 $a=2x, a=3x, \cdots, a=(n+1)x$ 的不同极距装置,重复以上观测,即可得到整个断面的视电阻率图。

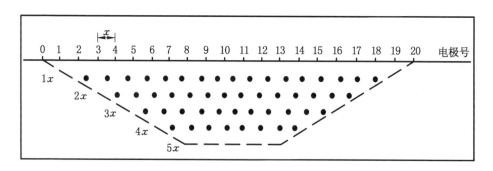

图 5-3　高密度电法测点和深度记录点断面分布图

网络并行电法不但能完成传统电法的各种测量方法,而且能极大地提高野外勘探的效率与采集海量数据。并行、海量、高效数据采集与处理是该技术的核心。一般的高密度电法整套系统只有一个 A/D 转换器,导致其只能串行采样,要实行并行采样就必须使每一电极都能自动采样,能自动采样的电极相当于智能电极,网络并行电法技术就是采用智能电极,通过网络协议与主机保持实时联系,在接受供电状态命令时电极采样部分断开,让电极处于供电状态,否则一直工作在电压采样状态,并通过通信线实时地将测量数据送回主机。通过供电与测量的时序关系对自然场、一次场、二次场电压数据(图5-4)及电流数据自动采样,采样过程没有空闲电极出现。

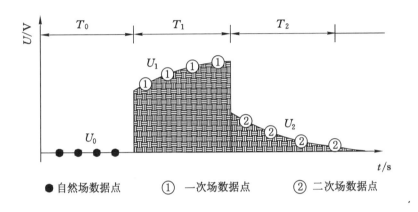

图 5-4　单个电极采集的电位时间序列

根据电极观测装置的不同,网络并行电法数据采集方式分为两种[3]:AM 法和 ABM 法,其工作方式原理图和电压观测分布图见图5-5、图5-6。

AM 法观测系统所测量的电位场为单点电源场,该装置与常规二极法类似,布置时采用 2 根无穷远极(∞),1 根作为供电电极 B,1 根作为公共电极 N,提供参照标准电位,当测线任一电极(电极 A)供电时,其余电极同时在采集电位(电极 M)。对 AM 法采集数据,可以进行二、三极装置的高密度电法反演和高分辨地电阻率法反演。

ABM 法采集数据所反映的是双异性点电源电场情况,为一对电流电极 AB 供电,1 根无穷远线作为公共 N 极,提供参照标准电位,整条测线的其他电极均采集电位值(电极 M),没有空闲电极存在。对 ABM 法采集的电位、电流值,可以进行对称四极、偶极装置和微分装置的高密度电法反演。

并行电法的另一个特点是可通过仪器专用软件系统、数据 Modem 以及电话线的连接,实现电法数据的实时远程监测[4],实现数据的高效采集,大大减少现场的工作量。如图 5-7 所示。

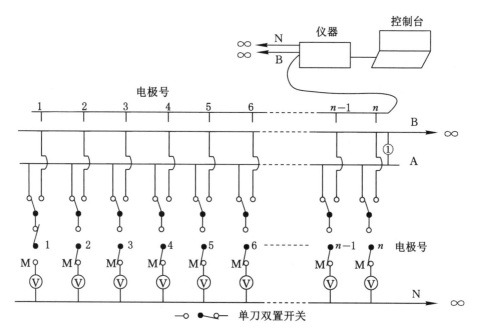

（a）单点电源场工作方式原理图

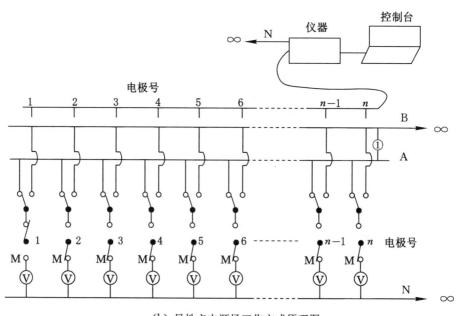

（b）异性点电源场工作方式原理图

图 5-5　网络并行电法工作方式原理图

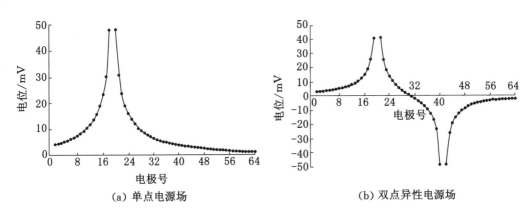

图 5-6　网络并行电法电压观测分布图

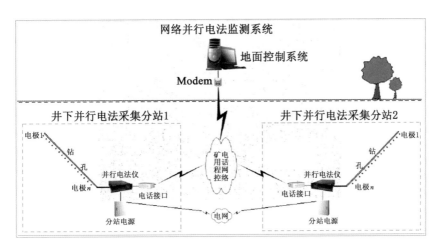

图 5-7　网络并行电法监测系统示意图

5.2　煤与瓦斯突出模拟及并行电法测试实验系统

煤与瓦斯突出是发生在井下的一种极其复杂的动力失稳现象[5],由于其危险性太大,很难进行现场全方位实时跟踪和观测研究,故目前学者们主要依靠理论分析和实验室实验进行煤与瓦斯突出的研究与探索[6-12]。

煤与瓦斯突出演化过程中,含瓦斯煤体在时间和空间上是不断变化的。突出过程具有瞬时性,空间上也只发生在煤体的某一局部范围[9]。在突出的孕育和发生过程中,煤体的电性参数也会随之改变,可以说,突出的演化过程同时也是煤体电性特征的变化过程。基于此,本章建立煤与瓦斯突出模拟及并行电法测试实验系统,进行不同条件下的突出模拟实验,测试分析突出演化过程直流电法响应规律,为利用直流电法探测煤层区域突出危险性提供理论和实验依据。

5.2.1 实验系统的建立

从电阻率测试手段上看,LCR 测试仪与网络电法仪器相比有较大差别,LCR 测试仪虽然能实现连续性实时测试,但是其测试值为试件的整体电阻率值,而网络并行电法仪则能够反映试件内部一定区域内各部位视电阻率分布及其变化,因此可用来研究煤体内部视电阻率变化的时间和空间特征规律。

本章实验使用的电法仪器为 WBD 型网络并行电法仪(图 5-8)。系统主要由测量主机、PC 机、电源模块构成,自制了多通道电极测线(图 5-9),可使用铁钉作为电极,根据实验对象的尺寸自动调节电极距及电极数目。

图 5-8　网络并行电法系统实物图

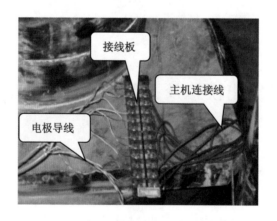

图 5-9　自制多通道电极测线

并行电法每次供电可同时获得多个测点数据,是一种全电场观测技术,可以同时采集自然电位,一次场、二次场电法数据,在数据采集时具有同步性和瞬时性,实现了四维电法数据的采集,可动态监测区域内的电阻率变化规律。

系统主要技术指标如下：

通道数：$n \times 16$,48 道、64 道、128 道；

A/D 转换：16 位；

内置 DSP：可完成多种数字信号处理功能；

测量电压范围：± 10 V；

测量电压精度：0.5%(Full)；

测量电流精度：0.5%(Full)；

最大发射电压：15 V/30 V/60 V/90 V；

最大发射电流：100 mA/1 A/2 A；

输入阻抗：> 20 MΩ；

供电方波：多频率正负方波任选；

工作电压：12~18 V,工作电流 1 A(与通道数有关)。

本书使用的突出模拟装置,综合考虑了矿井瓦斯赋存条件、地应力和煤体物理力学性质的差异性,包括活塞(加载装置)、充气装置、观测装置、密封装置以及启动装置等构成,通过控制微机进行加载控制。实物图见图 5-10。

图 5-10　瓦斯突出模拟装置实物图

在煤与瓦斯突出模拟实验中,如何诱导突出是很重要的一个环节,直接关系到系统的可靠性和与现场的相似性。国内现有的突出模拟装置多为通过机械装置使含瓦斯煤体突然暴露以达到突出的目的,这种突出形式类似于石门揭煤,突出的能量也最大,能够保证实验的可靠性和与现场的相似性。本实验中也采用这种突出诱导原理,突出启动装置给圆锥销末端的卸荷杆一个瞬时向下的冲击力,使圆锥销快速脱落。当圆锥销脱落后,压杆右端绕着转轴旋转,突出口挡板失去压杆的压力后自行脱落,容器内的煤样在应力和瓦斯压力的作用下从突出口喷出。

将实验装置放置于 YAW4306 微机控制电液伺服压力试验机平台上,为观测煤与瓦斯突出过程中煤体破裂演化特征,采用高速摄像采集系统对实验过程中煤体破裂演化过程进行观测。容器的侧面设有透明玻璃窗口,高速摄像机位于正对玻璃窗口的前方。高速摄像系统采用日本 NAC 公司数码存储晶体式高速摄像技术,拍摄速度最高可达 2 000 幅/s,可对煤与瓦斯突出过程中煤体高速运动进行摄像,能够满足图像分析的要求。

用绝缘硅胶片制成电极板,将铁钉均匀插入其中,用漆包线作导线穿过突出腔体,在突出腔体外将电极与电极板连接,进而连接到 WBD 主机,这样就实现了网络并行电法仪和突出模拟装置的连接。电极板中从左到右依次为 1～16 号电极和无穷远极。系统示意图和实物图见图 5-11 和图 5-12。

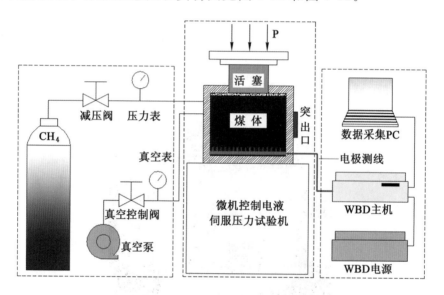

图 5-11　煤与瓦斯突出模拟及网络并行电法测试实验系统图

5.2.2　并行电法数据处理技术

由于电阻率数据采集方式和常规数据处理有一定的区别,因此在数据处理技术与流程上有其独特的特点。数据处理采用"WBDPro 电阻率数据解析系统"处理平台,系统为全 Windows 界面,人机交互方便。选用 surfer 8.0 和 illustrator软件进行辅助成图。

数据处理的总体流程如下:

数据上传于存储→AM、ABM 数据→输入控制参数→输入测点坐标→电流和电位计算→畸变值矫正→视电阻率计算→畸变值矫正→电阻率反演→成图。

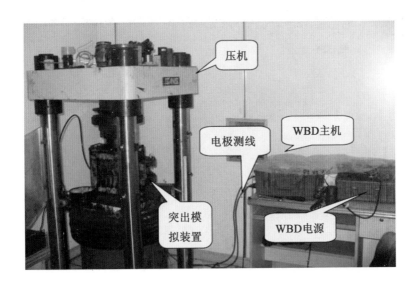

图 5-12 煤与瓦斯突出模拟及并行电法测试实验系统实物图

（1）井下数据主要采用 AM 装置形式，在数据上传结束后及时存储，针对不同的装置（AM 或 ABM）选择不同的处理模块。AM 装置可以采用"二极法处理""三极法处理"和"自然电位"；ABM 法数据选用"ABM 法处理"。本书主要使用 AM 装置的三极法进行实验。

（2）控制参数有二次场延迟范围、数据类型（半空间、全空间）、深度系数，一般选择系统默认参数，也可以根据具体要求灵活选用。在试样表面布置电极时，应采用半空间数据类型。

（3）测点坐标是指电极坐标(X, Y, Z)，一般定义 X 为正方向，Y, Z 坐标值为零。

（4）在上述参数输入后进行电流值与电位值的计算。在一个采样周期内对每个智能电极所采集到的 N（数据采集设置采样时间与采样间隔的比值就是指 N 值）个电流电位值一般取均值（也可以取方差值）转换为二次电位。

（5）在获得电流值与电位值后进行畸变值剔除，畸变值往往是由电极耦合条件的变化或存在较大游离电场干扰时所致。

（6）经过上述处理后进入视电阻率计算模块。提取测线坐标值、深度坐标值、视电阻率值，利用 surfer 软件生成视电阻率等值线图。

图 5-13 为数据采集与处理系统软件界面，因操作步骤很多，在此只列出典型的操作界面，其余不再赘述。

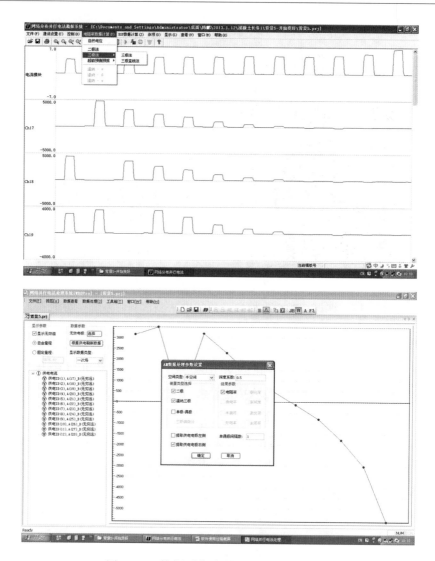

图 5-13　数据采集与处理系统软件界面

5.3　原煤试样实验

在进行突出模拟实验前,先对大尺度原煤样进行实验,作为突出模拟实验的基础和对比。突出模拟实验一般使用软煤,本节使用的大尺度原煤样为硬煤,煤样取自焦煤集团九里山煤矿。网络并行电法能够反映试件内部一定区域内各部位电阻率值及其变化,本节主要考察硬煤的电法响应特点,在 5.5 节和 5.6 节还将进行突出模拟实验以考察软煤在突出演化过程中的电法响应特点。

为测试并行电法仪对含异常体的响应,首先对含有孔洞的混凝土试件进行测试(图 5-14),电极布置在孔洞上方混凝土表面处,由于孔洞相对于混凝土来讲属于典型的高阻体,图 5-15 为测试结果,图中 L 代表测线长度(Length),D 表示探测深度(Depth)。可以看出,在测线下方中央处高阻区域显现比较明显,图 5-14 中孔洞为两小一大分布,由于大孔与左边小孔距离较近,故在图 5-15 中显示为一较大区域的高阻区,明显大于右边的小孔高阻区,这说明并行电法仪对异常体的探测与实际是较为符合的。

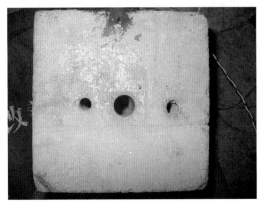

图 5-14　含孔洞混凝土试件

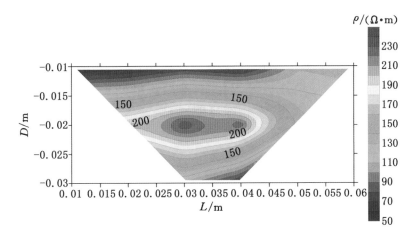

图 5-15　含孔洞混凝土视电阻率等值线图

沙子(黄沙)为较易获取的建筑原料,经过筛分后的沙子,均匀性较好,干燥的沙子吸水性较好,经湿润后电阻率值适中,放入木箱中可作为沙槽使用,适合作为考察电阻率法仪器对均匀介质的响应特征。从图 5-16 可以看出,视电阻率基本呈水平状态分布,在表层可能由于密度不均匀,视电阻率略微有所起伏,由于随着传播距离增大电场呈衰减趋势,电法仪在均匀背景下的图像都显示出由低到高的分层特性,越往下视电阻率越高,同时由于沙槽底部为木质材料,相对于潮湿的沙子是高阻体,当接近底部时视电阻率逐渐升高[13]。

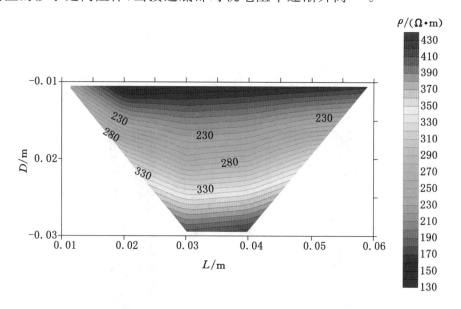

图 5-16　沙槽实验视电阻率等值线图

前文的实验中,使用的煤样均为 $\phi50$ mm×100 mm 的标准试样,尺寸比较小,在本章的实验中,由于要将电法仪的电极与试件进行联合布置,需满足一定数目的电极才能避免测试结果失真,因此使用原煤试样尺寸为 15 cm 见方。实验用铁钉作为电极,用小型手持钻机在试件表面钻出 1 cm 深度的孔洞,将黄土和氯化钠溶液混合均匀成黄泥后灌入孔洞,然后将电极插入黄泥中,使得电极—黄泥—试件三者之间充分耦合,实物图见图 5-17。

5.3.1　分级加载实验

煤体的网络并行电法实验为本章的主要研究内容。本节内容对煤体进行多分级加载研究,对不同应力水平下网络并行电法的测试结果进行对比分析。由于试样较多,以 3# 煤样(15 cm 见方)为例进行说明,载荷曲线见图 5-18。加载过程中,以 15 kN 为一个分级,每次恒载时间为 100 s,从开始加载到破坏共分11 级,破坏载荷为 180 kN。

实验过程中,每次恒载均采集一次并行电法数据,加上背景数据及破坏后(应力峰值过后)数据,共采集 13 次数据。由于图像很多,在此只列出背景图像、破坏后图像以及分级过程中具有代表性的图像(图 5-19),电阻率差别在同一数量级的图像可统一色标,红色代表高阻,蓝色代表低阻。煤体作为一种孔隙裂隙发育的地质体,一般作为非均匀介质研究,从背景图像来看,等值线往左偏,左下

图 5-17　大尺度原煤试样电极布置图

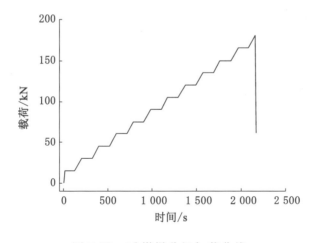

图 5-18　3$^\#$煤样分级加载曲线

方高阻显现比较明显,到 $25\%\sigma_{max}$ 图像整体视电阻率有所减小,视电阻率整体上仍保持背景图像的分布规律,到 50% σ_{max} 时又有大幅度的减小,从 50% σ_{max} 到 75% σ_{max} 视电阻率减小幅度变得缓慢,到 91% σ_{max} 时明显增大,并且分布状态也有所变化。煤体达到应力峰值 σ_{max} 发生破坏后,裂隙的产生使得视电阻率值最大达 15 000 $\Omega\cdot m$,与背景值相比产生了数量级的变化,说明受载煤体产生的裂隙是影响视电阻率的主要因素。从图 5-19(e)可以看出,高阻区域的分布是不规则的,与煤体内部裂隙发育状态有关,裂隙越发育阻值越高。虽然整体视电阻率值大幅度上升,但仍有局部区域呈现低阻,这是由于煤体发生破裂后电流会通过残余块段进行传导,导致该区域阻值较低。

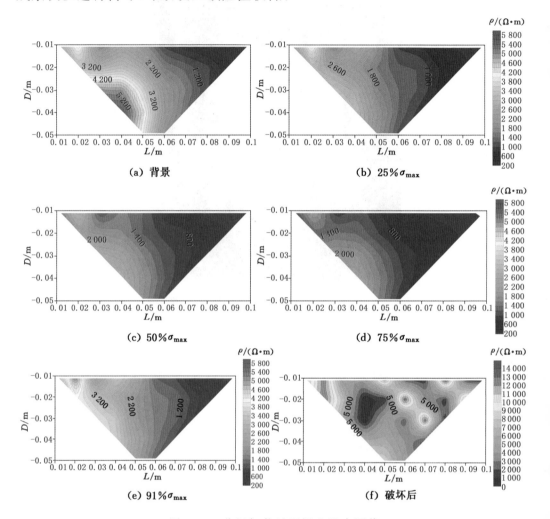

图 5-19 分级加载过程视电阻率图像

Surfer 图像是由很多带有坐标及视电阻率值的点通过自然邻点插值生成的,同一试样在同种电极布置方式下,其坐标点是一致的,只是试件在不同实验条件下视电阻率值有所改变。将对应坐标处相邻应力水平视电阻率值两两相减,可得到不同应力水平之间视电阻率差值图像,如图 5-20 所示,如 "50%σ_{max} —25%σ_{max}" 就代表两个应力水平处各点视电阻率的差值。部分图像统一了色标,部分图像由于值相差较大,未能统一色标。图中蓝色表示负值,颜色越深代表视电阻率值减小越多;红色表示正值,颜色越深代表视电阻率值增加越多。

可以看出,在加载初期,成像区域的视电阻率基本都呈减小趋势,说明该煤

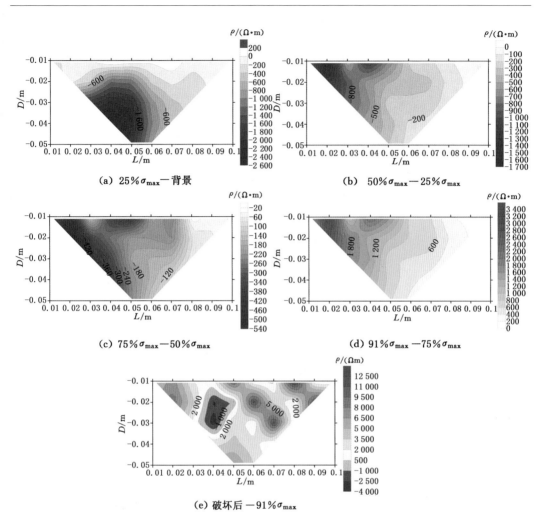

图 5-20 各级之间视电阻率差值图像

样试件的均匀性相对较好；到了加载中期及后期，裂纹的产生和发展使得视电阻率值一直增大；在 $91\%\sigma_{max}$ 图像出现了转折性变化，由下降趋势转为了上升趋势，而且这种现象很可能在 $91\%\sigma_{max}$ 之前就已经发生了，就应该是第 4 章所述的扩容应力水平处。试件破坏之后，与 $91\%\sigma_{max}$ 图像相比较视电阻率又发生了数量级的变化，再次说明了宏观破裂对视电阻率的影响是非常大的，同时，试件内部也出现了小区域的负值区，反映了煤体变形破坏的非均匀性，但总体来讲还是以视电阻率大幅度上升为主。

5.3.2 瓦斯吸附实验

本书在第 4 章进行了煤体瓦斯吸附/解吸电阻率的测试实验，由实验结果可知，不同导电特性的煤体在瓦斯吸附期间电阻率均有变化，解吸后电阻率变化规律与吸附过程正好相反。本节使用大尺度原煤试样(10 cm 见方)进行瓦斯吸附实验,不仅可考察视电阻率的整体变化规律,还可对煤样内部局部区域视电阻率变化规律进行观测。将煤样放入突出模拟装置腔体中,通过电极线将将网络并行电法仪和煤样连接在一起,密封后冲入 1.4 MPa 瓦斯,保持该瓦斯压力,使煤体充分吸附,在吸附期间每隔数小时采集一次数据,直至吸附平衡。

将充瓦斯前作为背景时刻并采集数据,充瓦斯后每隔 6 h 采集一次数据,共采集了 5 组数据,见图 5-21,图(b)至图(e)统一了色标。背景图像视电阻率普遍较大,最大为 12 352 Ω·m,基本呈分层分布,符合直流电法图像的基本特征;吸附 6 h 后,视电阻率急剧下降,图(b)中最大值仅为 2 621 Ω·m,说明在吸附初期瓦斯对电阻率影响很大;随着吸附的进行,视电阻率整体上呈减小趋势,吸附平衡后视电阻率最大值仅为 623 Ω·m;吸附过程中,高阻区域有所转移,到后期有往左偏的趋势,这是由于煤吸附瓦斯的不均匀性造成的。

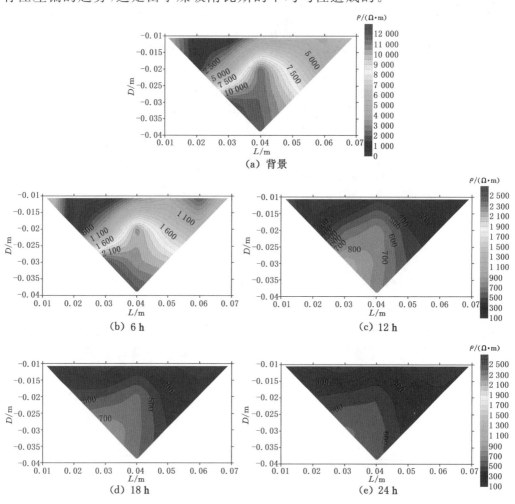

图 5-21 吸附过程不同时刻视电阻率图像

图 5-22 列出了吸附过程不同时间采集图像的差值图,如"6h−背景"代表开始吸附后第 6 h 与背景图像之间的视电阻率的差值图像。可以看出,在图(a)中,煤体吸附瓦斯 6 h 后电阻率有了大幅度的下降,而且整体都是这种规律,说明在初期瓦斯吸附效果较好,对煤体电阻率起到明显的降低作用;图(b)中显示的视电阻率大部分区域呈上升现象,小部分呈下降现象;在之后的几个图像中,基本上都伴随着视电阻率上升和下降共存的现象,但是以下降为主,这种现象与煤分级加载过程中视电阻率变化有很大的区别,这是因为煤吸附瓦斯的过程不如煤体受载过程结构变化剧烈。但是由于吸附过程也不是均匀和连续的,瓦斯能使煤体内产生附加的膨胀应力,使裂隙尖端产生附加的拉应力,使煤体内的应力分布更不均衡[14],因而使得视电阻率的变化在一定程度上不是统一的。

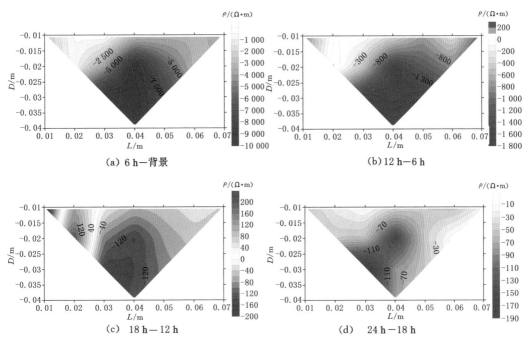

图 5-22　吸附过程不同时刻视电阻率差值图像

在不同吸附瓦斯压力下,将吸附平衡时视电阻率图像作差值处理,见图 5-23,从自然状态的煤体(0 MPa)到 0.7 MPa,视电阻率全部呈下降规律,到 1.4 MPa,虽有部分区域视电阻率上升,但大部分区域仍呈下降规律,整体上来讲,煤样的视电阻率随着吸附瓦斯压力的升高而下降,这与瓦斯吸附过程的规律是一致的,也与分级加载初期电阻率的变化规律是一致的,这也充分验证了本书标准试样实验的正确性。说明无论是 LCR 测试仪还是网络并行电法仪,测得的结果具有一致性,可以互相验证,同时又各具优点。

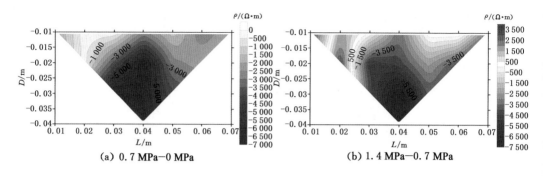

图 5-23　不同吸附瓦斯压力视电阻率差值图像

5.4　突出模拟实验

　　煤与瓦斯突出按动力现象基本特征的不同,又可分为突出、压出、倾出 3 种类型。本节针对突出进行模拟实验研究,突出模拟实验与前文的实验相比,煤样的制作有所不同。由于在井下实际发生突出的煤层区域多为软煤(构造煤),实验室模拟时若采用硬煤不易形成突出,因此我们以九里山煤矿的软煤作为实验煤样。

　　实验前先对煤样进行筛分,取粒径 0.5 mm 以下的煤粉。使用加湿器生成的雾状水进行加湿,确保水分在煤粉中的均匀性,以加强煤粉和电极的耦合作用。进行突出模拟实验前,一般要将煤粉预制成型煤[9],型煤的制作往往要加入煤焦油,由于煤焦油基本属于绝缘物质,会影响煤的导电性,因此本书只通过加载应力来预制型煤。预制型煤时控制压机用 300 N/s 速率加载,达到预定压力后保持 30 min,时间-应力曲线如图 5-24 所示。

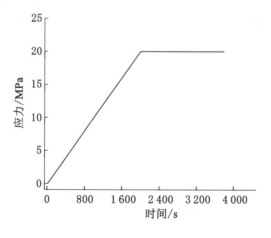

图 5-24　预制型煤加载曲线

研究表明[9]，不加煤焦油状态下，将煤粉通过加载制成型煤，其物理力学性质如表 5-2 所示，可见其坚固性系数较小，与软煤的性质相接近，能够满足相似实验的要求。

表 5-2　型煤物理力学性质参数

预制应力/MPa	原料	物理力学性质	
		坚固性系数	密度/(kg·m^{-3})
20	煤粉	0.1	1.0

型煤预制完成后，可采集一次电法数据作为背景场进行分析，在之后的实验过程中，只要煤体状态发生改变，如加载或者吸附瓦斯等，都可随机采集数据，突出完成后的电法数据可分析煤体的运动及破裂特征规律。

实验流程见图 5-25。

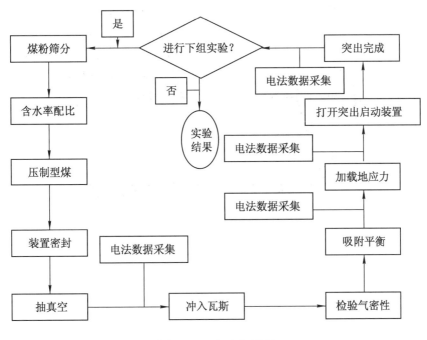

图 5-25　实验流程图

5.4.1　并行电法测试结果

进行瓦斯突出实验，要经历煤的压制成型—吸附瓦斯—加载应力—突出等一系列过程，与单轴压缩实验相比，由于煤体处于密封腔体内，在受载过程中煤粒之间会变得紧密，由此才得以成型，因此无论如何加载，只要不打开突出启动装置，煤体就不会产生裂纹。煤与瓦斯突出是一个快速发展的过程,在数秒甚至更短的时间内即可完成,在此过程中由于时间太短无法实现电法数据的采集。因此,应主要研究突出前不同状态煤体的电性相应特征,以捕捉突出前含瓦斯煤体的电性特征,可作为突出的电性前兆信息;同时,突出之后的煤体也有必要进行电法测试,可进行突出前后的测试结果比较,有助于我们认识突出时煤体运动特征。

本次实验使用九里山矿井的软煤作为实验煤样,实验前在突出腔体内壁四周及上下部位均放置一层硅胶板,这样既能起到绝缘的作用,防止电流往外逸散,同时由于硅胶的高弹性,又能起到增加突出弹性能的作用。实验过程中,冲入瓦斯压力为 1.5 MPa,加载应力分两级,分别为 150 kN(相当于 5 MPa)和 300 kN(相当于 10 MPa),加载速率为 1 kN/s,在保持 300 kN 恒载过程中打开突出启动装置使含瓦斯煤体发生突出,实验过程中载荷曲线及压头位移曲线如图 5-26 所示。

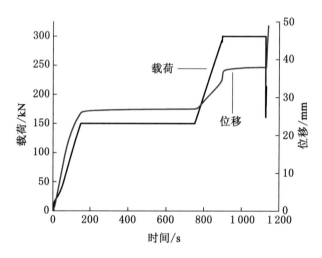

图 5-26　突出实验载荷及位移曲线

由于并行电法数据采集方便,可在突出实验的不同阶段任意采集数据,一次采集时间一般在 20 s 以内。采集的数据经处理可得到如图 5-27 所示的结果。以型煤制作完成采集的图像作为背景,可以看出[图 5-27(a)],虽然煤粉经过筛分,但视电阻率值并不是唯一的,图像中视电阻率最大值达到 2 147 Ω·m,最小值 20 Ω·m,平均值为 675 Ω·m,这也充分说明了煤的非均质性,无论原煤还是型煤均有此特性,但是对比两种煤体视电阻率图像来看,构造软煤制成的型煤非均质性更为明显,表现在同一测试深度上视电阻率值差异比较大,这可能与构造软煤受到破坏时的非均匀性有关。

图(a)至图(c)均使用统一色标,在吸附瓦斯和加载后,图像蓝色区域明显增大,说明电阻率有所下降;由于突出后电阻率与突出前有很大变化,不宜使用统一色标,图(d)为突出后采集的图像,在图像右上部与左上部均存在视电阻率高值区,在图像下部存在几处视电阻率低值区,这与煤体的运动状态及受力状态密切相关,将在下节进行分析。

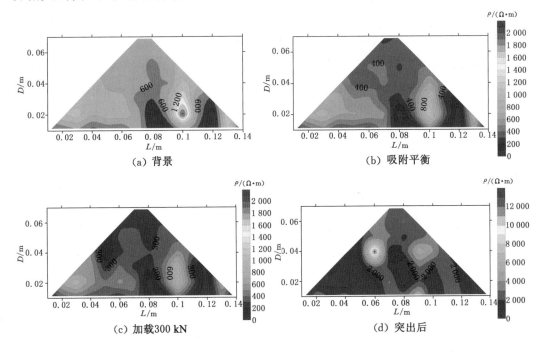

图 5-27　突出实验典型阶段视电阻率图像

将对应坐标处相邻应力水平视电阻率值两两相减,可得到不同应力水平之间视电阻率差值图像(图 5-28),如图(a)即代表吸附 12 h 后采集数据与背景数据进行差值后的图像。视电阻率的增大和减小分别用红色和蓝色表示,图(b)至图(f)由于差值相差不大,使用统一色标,其余图像使用独立色标。可以看出,吸附对视电阻率的影响很大,图(a)中视电阻率有大幅度的减小;在吸附期间煤体视电阻率仍以减小为主,局部区域结构及其变化的非均质性有所增大;在加载 300 kN(相当于 10 MPa)后出现了深蓝色区域,表示视电阻率再次大幅度下降;突出发生后测试的视电阻率图像以红色区域为主,说明突出主要是引起了视电阻率的升高,其差值的高值区域与图 5-27 中的高值区域是对应的。

5.4.2　突出过程煤体运动特征

煤体的运动直接决定了裂纹的发生和扩展及其分布状态,也决定了煤体的受力状态,从而对煤体电阻率产生重要影响,这对解释瓦斯突出电法资料具有重要的作用。为了分析突出过程中煤体运动规律,使用高速摄像系统对突出过程进行连续观测。

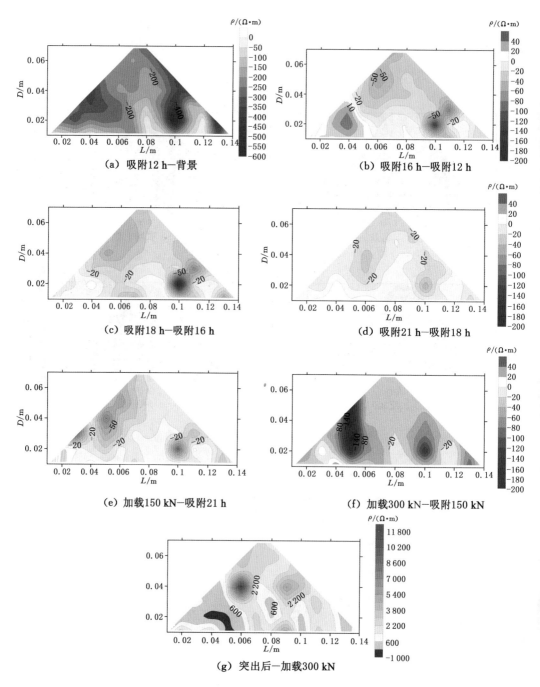

图 5-28 不同数据采集阶段之间视电阻率差值图像

图 5-29 为高速摄像机所拍摄突出瞬间煤体图像。可以看出,在突出启动时刻基本上未发现宏观裂纹,但此时煤体内部已经开始了裂纹的发育和发展;突出启动后,突出口部分的煤体首先被快速喷出,随即开始出现裂纹,裂纹最开始出现在煤体的上部,总体趋势是从突出口向煤体内部扩展,裂纹出现的速度为先快

后慢,最后趋于停止;在突出发展剧烈时刻,可以观测到煤体表面产生大量宏观裂纹,同时由于突出腔体内煤体的喷出和减少,上部煤体垮落,将无法采集真实数据,这也是本实验将电极测线布置于突出腔体下部的重要原因。

(a) 突出启动   (b) 突出发展

图 5-29 突出过程中煤体裂纹示意图(1.5 MPa)

突出启动后,靠近突出口的煤首先剥落粉化抛出,依次由表及里,由浅入深发展。文献[9]通过大量的突出模拟实验研究,总结了突出时孔洞内煤体抛出时的运动规律,把实验煤体分成上、中、下 3 个部分,如图 5-30 所示。上部的煤体,靠近突出部分,从煤壁剥离后,直接从突出口被抛出;远离突出口的煤体,在瓦斯压力和径向应力的综合作用下,有一个向突出口运动的合力,同时受到自身重力影响,其运动轨迹呈抛物线抛射状;由于受前方煤体的阻挡作用,来不及抛出的煤体在重力作用下落在下部;与突出口水平高度的煤体则以近水平运动向突出口抛射;下部的煤体,在瓦斯压力作用下向突出口运移,由于要克服重力作用,不能水平的被抛出,在突出头附近有一个近似弧形的轨迹向上的运动,运移到突出口,然后被快速抛出。上部的煤体由于垮落作用,基本上观测不到裂纹,大部分裂纹集中在中下部煤体,尤其是中下部煤体的交界处,在图 5-27(d)中突出后的高阻区显示也基本在这一区域附近。

图 5-31 为突出发生过后煤体的形态及分布,可以看出,突出并未形成理论上描述的口小腔大的孔洞,这可能由两方面原因造成的,一是实验瓦斯压力很大,突出瞬间能量释放剧烈,大量的煤粉及瓦斯涌出腔体,造成煤体运动剧烈;二是腔体后方不像现场一样有持续的煤与瓦斯供应,加之煤粉硬度较小,因此不易形成孔洞。

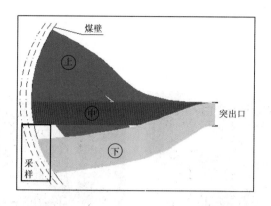

图 5-30　煤与瓦斯突出过程中煤体在孔洞内的运动规律[9]

图 5-31　突出后的煤体形态

但是突出后的煤体分布仍有一定的规律：在突出装置中部分布了大量的块状煤、孔隙及裂隙，说明该处煤体运动最强烈，处于突出的中心区域；在突出装置的四周尤其是内部边缘处，煤体破坏并不严重；位于突出口中央处的煤体，由于受到后方煤体的挤压及推动作用，破坏非常严重；而突出口下方的煤体由于受到内壁的阻碍作用，可能受到挤压但未参与突出，起始电极正位于靠近突出孔位置，这可能也是形成图 5-28(g)差值图中高值区和低值区的原因。

5.4.3　并行电法特征参数分析

并行电法采集的数据经过处理软件解编后，可得到自然电位、激励电流、激励电压及视电阻率数据。激励电流(电压)也叫一次场电流(电压)，一般自然电位和一次场电流使用较多，再加上视电阻率这一结果参数，将这几个参数提取出来作为实验的特征参数进行分析。

为便于数据分析，将实验步骤列出，见表 5-3，特征参数以实验步骤为横坐标作图进行分析。

表 5-3 煤与瓦斯突出实验步骤

实验步骤	数据采集时间
1	背景
2	瓦斯吸附 12 h
3	瓦斯吸附 16 h
4	瓦斯吸附 18 h
5	瓦斯吸附 21 h
6	加载 150 kN
7	加载 300 kN
8	突出后

对采集到的每幅图像中各坐标点处的视电阻率取平均值、最大值数据,变化规律如图 5-32 所示,在突出之前,在瓦斯和应力的作用下,视电阻率的平均值和最大值都持续减小,突出后造成了视电阻率的突升,这在图 5-27 和图 5-28 中有明显的显示,视电阻率参数的变化规律与视电阻率图像的变化规律是对应的。

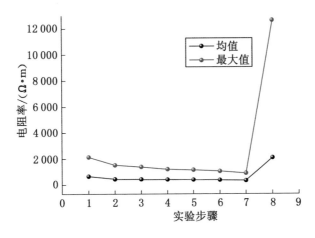

图 5-32 煤体视电阻率变化曲线

由于各电极点的供电电流直接反映了各点的接地电阻大小,则电极电流的变化可以反映各电极所在位置接地电阻的变化。吴荣新[15]在研究网络并行电法监测覆岩破坏时认为,电极电流的突然变化主要源于工作面采动所产生的覆岩破坏与变形。裂隙越发育,则电极供电电流越小。在本实验中,在突出启动前的 7 个步骤中,一次场电流均持续增大,这种规律非常明显

（图 5-33），说明瓦斯和应力作用下由于煤体未发生变形破坏，与电极的耦合较好，煤粒之间结合紧密，因此电流有所增大；在突出发生后，由于大量的微观和宏观裂纹发育，电极与煤体进入不良耦合阶段，电流的导通受到影响，因此电流急剧下降。

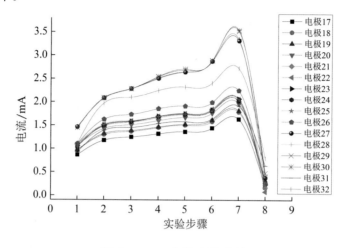

图 5-33　一次场电流曲线

自然环境中，在不供电的情况下地面两点间能观测到一定的电位差，这表明地下存在着天然电流场，称为自然电场[16]。自然电场主要是因为电子导电矿体的电化学作用以及地下水中电离子的过滤或扩散作用等因素形成。自然电位测量法是一种传统的地电场勘探方法，能敏感地反映地电场中异常电荷变化。吴超凡、刘盛东等[17]通过数值模拟及利用并行电法进行相似模拟，探讨了岩层裂隙的自然电场响应规律，发现岩层裂隙发育部位自然电位降低，且裂隙发育越完全自然电位越低，岩层压缩区自然电位升高。煤层开采过程中，围岩破裂伴有电子逃逸现象，可引起自然电场的变化。

李忠辉、王恩元等[18]通过进行煤体充放瓦斯实验并测试了电位信号，证明了瓦斯在煤体中的流动会引起煤体电位的变化，这种变化归结于流动电势、摩擦起电及煤体损伤产生的自由电荷等原因。图 5-34 为不同电极在实验过程中的自然电位变化曲线，在冲入瓦斯并吸附 12 h 后（第 2 步），大部分电极的自然电位上升，说明吸附作用对煤体自然电位的影响很大；在整个吸附过程中（第 2 步至第 5 步），自然电位有所波动，总体上都要大于背景（第 1 步）的自然电位值；开始加载后（第 6 步至第 7 步），煤体在压缩所用下自然电位有所升高，这与文献[17]中"岩层压缩区自然电位升高"的规律是一致的；突出发生后（第 8 步）由于裂隙发育完全，自然电位降低，这也与文献[17]中"裂隙发育越完全自然电位越低"的结论是一致的。

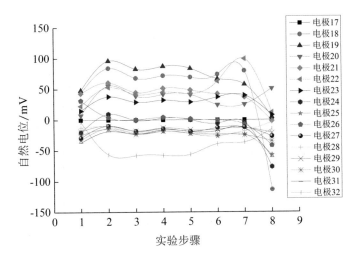

图 5-34 自然电位曲线

5.5 压出模拟实验

煤与瓦斯突出按动力现象基本特征的不同,又可分为突出、压出、倾出三种类型。深部开采过程中,煤体在高应力作用下极易发生压出事故,导致煤层整体压出或破碎抛出,可压坏和推倒支护、采掘及运输设备,甚至造成人员伤亡。因此,研究含瓦斯煤压出过程的电性响应特征规律是很有意义的。本节实验中,所用煤样种类、型煤制作过程以及实验流程和煤与瓦斯突出模拟实验是完全一致的。

5.5.1 并行电法测试结果

压出实验中,为与井下煤层实际情况相吻合,需充入一定量的瓦斯,使煤层为含瓦斯煤层,瓦斯压力为 0.196 MPa,不起主导作用。本次使用 10 个电极进行测试,电极距为 1 cm,加载应力为 300 kN(相当于 10 MPa),加载速率为 1 kN/s,在保持 300 kN 恒载过程中打开突出启动装置,实验过程中载荷曲线及压头位移曲线如图 5-35 所示。

在图 5-36 中,将采集到的 4 幅视电阻率图像统一色标,可以看出,从背景图像到加载 300 kN 图像过程中,视电阻率下降幅度很大,图 5-36(c)基本全部为蓝色低值区,压出发生后,图像出现红色高值区及局部低值区,但以红色高值区为主,说明压出也会造成视电阻率的增大。

从差值图像(图 5-37)中更能明显地看出各阶段之间视电阻率的变化,从背

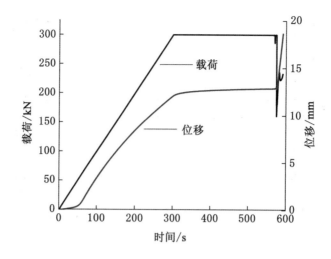

图 5-35　压出实验载荷及位移曲线

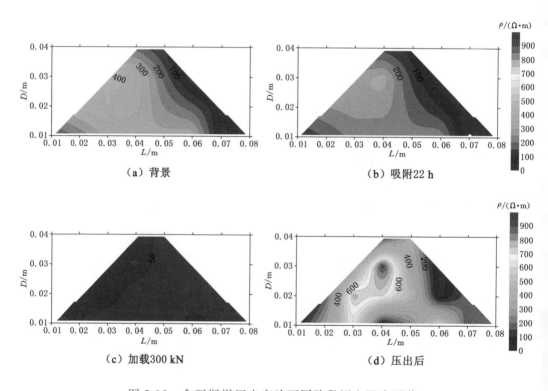

图 5-36　含瓦斯煤压出实验不同阶段视电阻率图像

景到加载 300 kN 期间煤体视电阻率均持续减小,基本无增大现象,说明煤体均匀性较好,各部位吸附瓦斯及受力条件较一致;图 5-37(c)基本全部为红色区域,说明煤体整体视电阻率增大明显,压出实验效果较好。

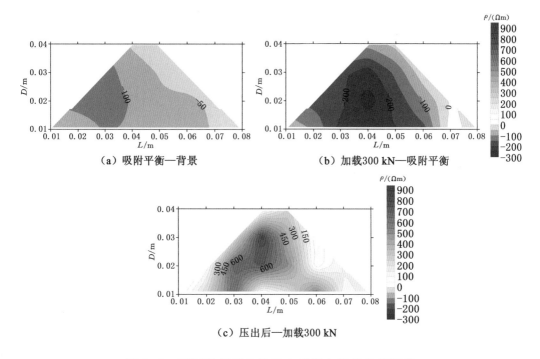

图 5-37　不同数据采集阶段之间视电阻率差值图像

5.5.2　压出过程表面裂纹特征

煤是一种孔隙裂隙发育体,含瓦斯煤体破裂是微裂纹受拉伸作用扩展汇合最后贯通的结果[19]。裂纹是煤体受到破坏的直接表现形式,研究裂纹的特征规律能够更好地揭示灾害发生发展的过程和机理。在 5.4 节的煤与瓦斯突出模拟实验中,虽然使用了高速摄像机进行连续拍摄,但由于突出期间含瓦斯煤体运动较为剧烈,煤体粉碎较严重,裂纹发育复杂且最后可能会消失,因此难以实现对裂纹的定量化统计,只能根据观测到的现象进行定性分析。而在压出实验中,应力起主要作用,相对于煤与瓦斯突出实验来讲,压出过程中煤体运动相对缓慢,裂纹发育明显,这就为裂纹的定量化研究提供了条件。

在保证瓦斯吸附时间和加载压力的前提下,稳定 10 min 后打开高清摄像机,实验腔体挡板打开之前,煤体处于压实状态,表面无裂纹产生。在 54 s 时刻打开实验腔体挡板,煤体在瓦斯压力和加载应力的共同作用下向出口处运动,实验过程持续到 57 s 时刻结束,如图 5-38 所示。

（1）煤体表面裂纹随时间的变化规律

实验启动装置打开后,煤体向出口方向运动,裂纹数量有增加的趋势,压出的煤呈块状,但是位移较小。轴向应力和瓦斯压力的径向驱动力将部分煤体"切

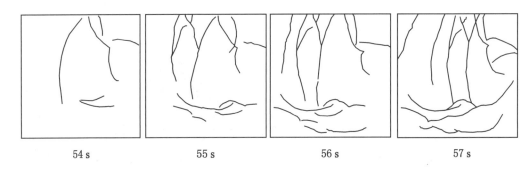

图 5-38   含瓦斯煤体压出过程煤体表面裂纹分布素描图

割"成上下两部分:上部以轴向裂纹为主,随着裂纹向出口方向的移动,伴随有分叉裂纹产生;下部以径向裂纹为主,随着压出过程的进行,裂纹呈明显增多趋势,煤体停止运动后裂纹互相贯通。

(2) 压出终止时刻煤体表面不同部位的裂纹分布规律

从 57 s 时刻裂纹图可以看出,裂纹并不是均匀分布,出口处煤体受破坏严重,发育有几条主要裂纹,出口处右下角内煤体受挤压作用,运动受到阻碍,无明显裂纹产生;随着煤体的不断压出,腔体内部形成空间,右上侧的煤体由于重力作用发生垮落,形成了部分裂纹,但是整体仍受挤压作用,因此裂纹并不太多;参与压出的煤体大部分为中上部煤体,所以裂纹较多,下部煤体残留较多,但同时受上部煤体运动时的牵引作用产生较多径向裂纹,其轨迹最终指向煤体出口方向。自观测面中部开始,越往左侧裂纹越少。本实验中,煤体在整体位移和压出的过程中出现了大量的裂隙,这也与压出的基本特征相一致,煤体压出后会产生口大腔小的孔洞,但是不甚明显,从俯视图(图 5-39)来看,中部存在较大的裂隙,这是内部及表面裂隙发育的体现。

图 5-39   压出后的煤体形态

　　在煤岩断裂研究方面,大到断层,小到煤岩体节理,也都服从分形规律[20-21],可通过求盒维数来研究裂纹的特征及分布规律。观测窗口尺寸为 160 mm×160 mm,盒维数实际求测过程中,将图像边长四等分,每幅图可分为 16 个研究单元,每个单元尺寸均为 40 mm×40 mm,各单元分维计算时网格划分按照 40 mm×40 mm、20 mm×20 mm、10 mm×10 mm、5 mm×5 mm 方格进行,计算过程同上所述,可得到每个单元的分维值,将单元中心的坐标和分维值数据输入计算机,利用 Surfer 绘图软件绘制分维等值线图,数据采用 Kriging 法进行内插加密[21],可得到分维等值线图(图 5-40)。

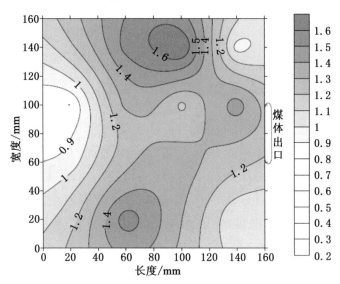

图 5-40　压出后煤体表面不同部位裂纹分维等值线图

　　观测面中上部由于受应力的直接作用,发育有几条主要裂纹,因此分维值相对较大。观测面中上部分维值最大为 1.708 8,中下部分维值最大为 1.556 2,受加载应力时端头效应的影响,上下两端受力复杂,处于三轴应力状态[22],因此裂纹较发育。瓦斯压力促使煤体迅速向出口处移动,煤体错动强烈,因此出口处裂纹分维值达到 1.449 9。上下角落处的煤体运动受到限制,因此分维值相对较小。自观测面中部开始,越往左侧分维值呈明显减小趋势,最小值仅为 0.796 6,说明煤体损伤破坏程度很小。并行电法仪采集的压出后的图像即为第 57 s 图像,由于电法图像只能显示测线上方 1/2 距离的三角形区域,因此观测窗口上方的裂纹发育区未能体现在电法图像中,下方的分维高值区与电法图像中的高阻区基本是在同一区域,说明裂纹的发育部位在电法图像中有很好的对应关系。

5.5.3 并行电法特征参数分析

按照煤与瓦斯突出实验数据处理及分析方法,对含瓦斯煤体压出实验数据进行相同的处理,提取视电阻率平均值、最大值、自然电位以及一次场电流进行分析。实验步骤见表5-4。

表 5-4 含瓦斯煤体压出实验步骤

实验步骤	数据采集时间
1	背景
2	瓦斯吸附 22 h
3	加载 300 kN
4	压出后

根据前文的实验分析可知,在煤与瓦斯突出过程中,电法特征参数均有明显的变化特征及规律,在含瓦斯煤体压出实验中也是如此。图 5-41 为视电阻率平均值和最大值的变化,仍遵循先减小后增大的规律,只不过最终视电阻率值要小于突出实验中的视电阻率值,说明压出的裂纹发育不如突出激烈;图 5-42 为一次场电流,图 5-43 为自然电位曲线,虽然一次场电流与自然电位形成机制不同,但都表现出先增大后减小的趋势,其中一次场电流的规律更加明显,在压出实验中也同样出现了这种情况,说明在突出和压出实验中,一次场电流的敏感性较好,更适合作为电法探测的特征参数进行深入研究。

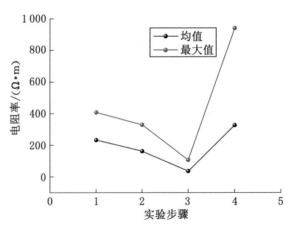

图 5-41 煤体视电阻率变化曲线

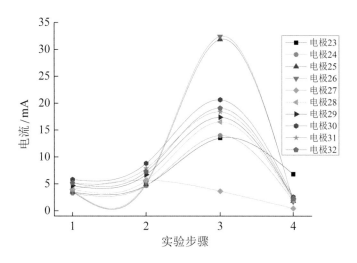

图 5-42　一次场电流曲线

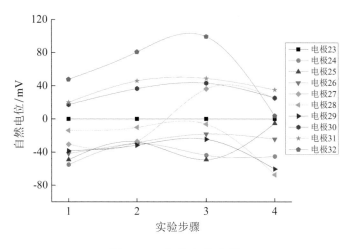

图 5-43　自然电位曲线

5.6　构造软煤的视电阻率特征分析

国内外学者的大量研究表明:地质构造带内煤岩层的电阻率与正常地带煤岩层电阻率存在明显的差异。任何破坏煤层,与正常煤层相比,都具有较高的导电能力,即电阻率较小;汤友谊等[23]通过对淮南矿区不同煤分层视电阻率研究发现,硬煤的视电阻率一般约为构造软煤的 3.7 倍。陈健杰等[24]测试了多个煤矿原生结构煤和构造煤的视电阻率,总的来讲,在各种测试频率下,原生结构煤(非突出煤体)的视电阻率都比构造软煤(突出煤体)的视电阻率要大,只是相对于不同煤种而言差别大小不同而已；文光才[25]对平煤十矿的构造煤和非构造煤的电性参数进行了对比实验，发现非构造煤的电阻率是构造煤电阻率的 5.39 倍；吕绍林、何继善的研究表明[26]，无烟煤中瓦斯突出煤体电阻率是非突出煤体电阻率的 10 倍以上；而对于烟煤、气肥煤则恰恰相反，非突出煤体电阻率是突出煤体的 10 倍以上。大部分的研究都表明，构造煤的视电阻率要小于原生结构煤。

本书中所使用的煤样取自九里山矿，煤种为无烟煤。突出模拟实验所用煤样均为受构造破坏的软煤分层，大尺度原煤试样实验均为硬煤，即原生结构煤，通过硬煤和软煤的测试实验，统计电法测试图像各坐标点处的视电阻率值，结果见表 5-5。构造软煤的视电阻率平均值为 537.25 $\Omega \cdot m$，硬煤的视电阻率平均值为 1 794.5 $\Omega \cdot m$，为软煤的 3.34 倍。这种结果与前人的研究成果是一致的，唯一不同的是在无烟煤中也存在软煤视阻率小于硬煤的现象，文献[24]中对九里山构造煤电阻率测试结果和本书的规律是一致的，这与吕绍林、何继善[26]的研究结果有所差别，这可能是由于不同煤体的特性差异造成的。

表 5-5　软煤和硬煤视电阻率测试数据

煤体结构类型	测试编号	各测点视电阻率平均值/($\Omega \cdot m$)	视电阻率值域/($\Omega \cdot m$)	平均值/($\Omega \cdot m$)	硬煤较构造软煤视电阻率倍数
软煤	1	675	232～717	537.25	3.34
	2	232			
	3	717			
	4	525			
硬煤	1	2 347	990～2 418	1 794.5	
	2	2 418			
	3	990			
	4	1 423			

构造煤是原生结构煤在构造应力作用下形成的具有新的结构和力学特性的变形煤，但煤岩成分变化较小。通过煤的微观结构和力学特性方面分析两者电阻率：

（1）比较同一煤田同一煤层的构造煤与原生结构煤发现，构造煤中自由基浓度较原生结构煤高[27]，参与导电的自由基团数量增加，造成导电性增强，电阻率下降。

（2）煤层受到构造应力破坏后，构造软煤分层的裂隙增多，孔隙度和水分含量增大,离子导电性增强,导致构造软煤的电阻率降低[23]。

(3)煤大分子的主体结构单元是缩聚芳香核和氢化芳香核,结构单元周边还含有各种原子基团,包括脂肪烃、含氧基和杂原子团等。这些结构单元通过甲基、醚键、次甲基醚键和芳香碳—碳链连接起来,形成煤大分子。构造软煤分层形成时,其所受应力和温度应高于硬煤分层,使其中的腐殖复合物更易于发生聚合反应稠环芳香系统趋于增大,丧失部分官能团、侧链减少、变短,芳构化程度有所提高,分子排列局部规则化。在此过程中,煤大分子结构从无序趋于有序,电子的定向运动与热振动的质点碰撞概率有所降低,从而使构造软煤的导电性有所增强[28]。

通过本章软煤和硬煤的实验还发现,在硬煤的电法背景图像中,虽然有视电阻率分布不均匀的现象,但是基本上可以看出图像的分层特征,这说明煤体从整体上来看比较均匀。而突出模拟实验中视电阻率图像无明显分层现象,而是呈现区域性高阻和低阻分布状态,表现在同一测试深度上视电阻率值差异比较大,这说明构造软煤较之硬煤而言具有更明显的非均质性,这也是煤层在构造应力作用下发生挤压、剪切、变形、破坏或强烈的韧塑性变形及流变迁移的结果[29]。

5.7   本章小结

(1)阐述了电法勘探的技术分类,直流电阻率法的原理,对网络并行电法的数据并行采集原理与数据处理方法进行了论述,分析了 AM 法和 ABM 的工作原理和工作方式,介绍了网络并行电法仪的硬件和软件系统。

(2)建立了煤与瓦斯突出模拟及并行电法测试实验系统,该系统集加载、充气、观测、电法测试于一体,能够模拟不同煤体在应力和瓦斯压力作用下的突出演化过程,可利用网络并行电法对该过程进行连续测试研究。

(3)在突出模拟实验前,进行了大尺度原煤试样的分级加载实验和瓦斯吸附实验,对不同的实验阶段进行了视电阻率成像,分析了各实验阶段视电阻率图像以及实验阶段之间的视电阻率差值图像的特点和变化规律,结果表明,并行电法测试结果不仅能够反映试件整体视电阻率变化规律,还能反映试件内部视电阻率分布的差异性及演化过程的差异性。

(4)综合考虑了地应力、瓦斯压力和煤体物理力学性质,进行了突出和压出实验,研究了实验过程中并行电法采集图像的特点及变化规律,重点分析了突出过程中煤体运动特征及压出过程中煤体表面裂纹的分形特征,并与煤与瓦斯突出演化过程视电阻率的分布和演化规律进行了对比,结果表明,并行电法测试结果能够反映煤与瓦斯突出时-空演化过程。提取了视电阻率平均值和最大值、自然电位和一次场电流作为并行电法实验的特征参数,发现特征参数在实验过程中也具有明显的变化规律。

(5) 对比分析了硬煤(原生结构煤)和软煤(构造煤)的电法背景场测试结果,发现构造软煤视电阻率值普遍较小,实验煤样中硬煤视电阻率平均值为构造软煤的 3.34 倍,从构造煤的微观结构和力学特性角度分析了电阻率较低的原因,还发现构造软煤较之硬煤具有更明显的非均质性特征。

参考文献

[1] 岳建华,刘树才. 矿井直流电法勘探[M]. 徐州:中国矿业大学出版社,2000.

[2] 程志平. 电法勘探教程[M]. 北京:冶金工业出版社,2007.

[3] 吴荣新,张平松,刘盛东. 双巷网络并行电法探测工作面内薄煤区范围[J]. 岩石力学与工程学报,2009,28(9):1834-1838.

[4] 刘树才. 煤矿底板突水机理及破坏裂隙带演化动态探测技术[D]. 徐州:中国矿业大学,2008.

[5] LI S,WANG Q J,LUAN Q L. Development of regional prediction information system of coal and gas outburst [J]. Journal of coal science and engineering,2006,12(1):79-81.

[6] 王维忠,陶云奇,许江,等. 不同瓦斯压力条件下的煤与瓦斯突出模拟实验[J]. 重庆大学学报(自然科学版),2010,33(3):82-86.

[7] 许江,陶云奇,尹光志,等. 煤与瓦斯突出模拟试验台的研制与应用[J]. 岩石力学与工程学报,2008,27(11):2354-2362.

[8] 蒋承林,俞启香. 煤与瓦斯突出的球壳失稳机理及防治技术[M]. 徐州:中国矿业大学出版社,1998.

[9] 欧建春. 煤与瓦斯突出演化过程模拟实验研究[D]. 徐州:中国矿业大学,2012.

[10] 蒋承林. 煤壁突出孔洞的形成机理研究[J]. 岩石力学与工程学报,2000,19(2):225-228.

[11] 刘保县,鲜学福,姜德义. 煤与瓦斯延期突出机理及其预测预报的研究[J]. 岩石力学与工程学报,2002,21(5):647-650.

[12] 方健之,俞善炳,谈庆明. 煤与瓦斯突出的层裂-粉碎模型[J]. 煤炭学报,1995,20(2):149-153.

[13] 赵伟.高密度电法在煤层底板破坏规律中的应用研究[D].邯郸:河北工程大学,2010.

[14] 何学秋,王恩元,林海燕.孔隙气体对煤体变形及蚀损作用机理[J].中国矿业大学学报,1996,25(1):6-11.

[15] 吴荣新,张卫,张平松.并行电法监测工作面"垮落带"岩层动态变化[J].煤炭学报,2012,37(4):571-577.

[16] 李宏,张伯崇.水压致裂试验过程中自然电位测量研究[J].岩石力学与工程学报,2006,25(7):1425-1429.

[17] 吴超凡,刘盛东,杨胜伦,等.煤层围岩破裂过程中的自然电位响应[J].煤炭学报,2013,38(1):50-54.

[18] 李忠辉,王恩元,谢绍东,等.煤体瓦斯运移诱发电位信号的实验研究[J].煤炭学报,2010,35(9):1481-1485.

[19] 何学秋.含瓦斯煤岩流变动力学[M].徐州:中国矿业大学出版社,1995.

[20] 王恩元,何学秋.煤层孔隙裂隙系统的分形描述及其应用[J].阜新矿业学院学报,1996,15(4):407-410.

[21] 陈颙,陈凌.分形几何学[M].北京:地震出版社,2005.

[22] 王恩元.含瓦斯煤破裂的电磁辐射和声发射效应及其应用研究[D].徐州:中国矿业大学,1997.

[23] 汤友谊,孙四清,郭纯,等.不同煤体结构类型煤分层视电阻率值的测试[J].煤炭科学技术,2005,33(3):70-72.

[24] 陈健杰,江林华,张玉贵,等.不同煤体结构类型煤的导电性质研究[J].煤炭科学技术,2011,39(7):90-92,101.

[25] 文光才.无线电波透视煤层突出危险性机理的研究[D].徐州:中国矿业大学,2003.

[26] 吕绍林,何继善.瓦斯突出煤体的导电性质研究[J].中南工业大学学报,1998,29(6):511-514.

[27] 俞启香.矿井瓦斯防治[M].徐州:中国矿业大学出版社,1992.

[28] 张广洋,谭学术,解学福,等.煤的导电性与煤大分子结构关系的实验研究[J].煤炭转化,1994,17(2):10-13.

[29] 张玉贵.构造煤演化与力化学作用[D].太原:太原理工大学,2006.

6 区域突出危险性直流电法响应的现场验证

前文已对煤与瓦斯突出的直流电法响应规律进行了大量的理论和实验研究,在此基础上,本章将建立直流电法探测区域突出危险性的判识方法,并利用网络并行电法技术和装备对采煤工作面与掘进工作面区域突出危险性进行探测,综合分析探测区域的图像特点,结合瓦斯地质特征分析,对区域突出危险性预测和划分结果进行验证。

6.1 直流电法探测区域突出危险性的判识方法

网络并行电法作为直流电法的典型代表,在矿井物探及安全生产领域得到了广泛的应用。由于网络并行电法采集系统支持任意多通道的数据采集,即每个电极既是供电电极,又可作为测量电极,因此该技术的观测系统布置相当灵活。观测系统是指激发点与接收点的空间位置关系,理论上只要探测条件允许就可以任意布置观测系统。但是在矿井物探中受巷道条件影响因素较大,观测系统布置空间有限,因此根据探测对象和目的的不同,需要有针对性地进行布置,充分发挥并行电法采集技术优势。

结合矿井灾害类型特点,网络并行电法可分为如下几种探测方法(图 6-1):
① 工作面顶板岩层变形破坏探测,包括三带(冒落带、裂隙带、弯曲下沉带)的探测与划分;② 工作面底板水害探测;③ 工作面内异常体透视探测;④ 掘进巷道前方异常体超前探测。

对巷道顶底板的探测中,探测对象为岩层,而对于工作面内及掘进巷道超前探来讲,探测对象为煤体,探测结果可显示煤层中的异常体状态、位置及分布规律等。前人往往从煤中水赋存、构造等角度来解释探测成果,即视电阻率图像,但所谓视电阻率,是各种情况综合反映出的结果,这其中就可能包含突出危险的各项因素,包括地应力(应力集中区)、瓦斯压力(瓦斯富集区)、煤体性质(构造

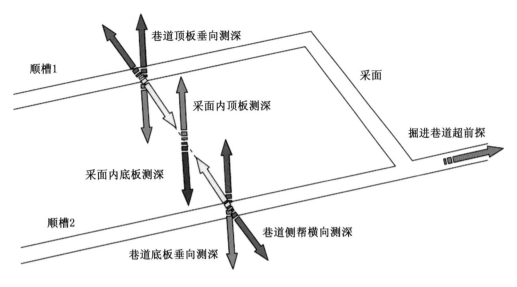

图 6-1 几种不同的探测方法

煤、破碎带)等。因此可利用网络并行电法中的煤层电阻率成像及超前探测技术,对探测区域进行视电阻率成像,并实际考察工作面掘进及回采期间煤层区域突出危险性显现特征,与探测结果进行对比分析,寻找二者之间的关系及规律,对煤层区域突出危险性的直流电法响应规律及探测成果进行验证。

煤体视电阻率会有不同的特征,容易出现高阻或低阻响应(图 6-2)。根据煤体的导电特性,可以归纳为以下几类:

① 以电子导电性为主的煤体,瓦斯和应力使得煤体电阻率下降,以离子导电性为主的煤体规律正好相反;

② 在构造煤发育区,无论何种导电性质的煤体,一般情况下构造煤都有低阻响应;

③ 在富水区域,无论何种导电性质的煤体以及何种变质程度的煤体,都有低阻响应;

④ 一般在煤层破碎带和裂隙发育带,会有高阻响应。

图 6-2 中表述的为单一因素对煤体视电阻率的影响,可以看出:无论何种煤体,在构造煤发育带和富水区域煤体视电阻率都呈低阻响应,在煤层破碎带和裂隙发育带都呈高阻响应,在进行区域突出危险性分析时,根据瓦斯赋存规律,富水区域一般可作为低瓦斯区域进行排除,而构造煤发育带、煤层破碎带和裂隙发育带等都是形成突出的潜在危险区域;瓦斯和应力对煤体视电阻率的影响和导电性质有关,表现为高阻和低阻的差异性。

根据本书的实验规律和前人的研究成果,不同的瓦斯地质环境下,即使单一

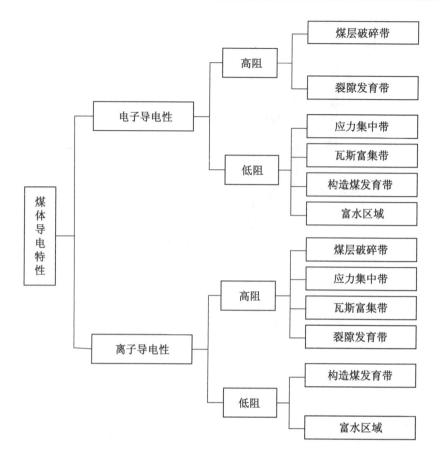

图 6-2　不同瓦斯地质环境下煤体视电阻率响应分类

因素对煤体的影响也会使得视电阻率出现不同的响应规律,如断层作为煤矿井下最常见的标志性构造之一,其对煤体电阻率的影响就可以分为两个方面:一种是封闭型断层,可能造成应力集中,容易形成瓦斯的封存,对煤体作用后也可形成构造煤;一种是开放型断层,虽然有利于瓦斯的逸散,但是可能形成煤体破碎区或裂隙发育区,诸如上述情况均易引发瓦斯灾害或动力灾害,因此不能简单地说断层对煤体视电阻率的影响是高阻响应还是低阻响应。特别是一些尚未揭露的构造带及瓦斯富集中,隐伏于工作面内或者掘进头前方,这种情况更是形成突出的潜在条件,但是在井下有时不易直接进行判断。

综上所述,在煤矿井下,无论何种煤体,由于均处于复杂的地质环境中,使用电法勘探技术在现场测得的视电阻率均为综合因素共同影响的结果,对煤层区域突出危险性进行预测,就应充分考虑这些因素。因此,本书在运用直流电法勘探技术进行煤层区域突出危险性探测时,提出以下判识方法:

① 将探测所得视电阻率图像的高阻区和低阻区都视为阻值异常区,这些区域都列为重点考察对象;

② 测试煤体的导电特性,对于电子导电性煤体,重点考察低阻区域,对于离子导电性煤体,高低阻区域都要重点考察;

③ 排除无突出危险性的阻值异常区域,如富水区、卸压区等;

④ 分析探测区域的瓦斯地质特征、常规预测指标和构造揭露特征等圈定重点防控区域;

⑤ 对电法探测和常规分析结果进行综合判断,进行区域探测与划分。

区域突出危险性的判识方法路线见图 6-3。

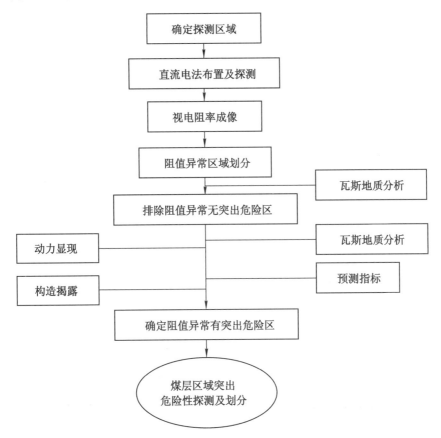

图 6-3 区域突出危险性的判识方法路线

利用网络并行电法技术,对淮北矿业集团朱仙庄矿Ⅱ1051采煤工作面和义马煤业集团新义矿 12011 带式输送机平巷进行了区域突出危险性探测,探测方法分别为工作面电阻率成像法和超前探法,根据前文实验研究结论可知,朱仙庄矿煤样导电特性为电子导电性为主,瓦斯、应力和构造煤均易造成低阻响应,但由于工作面面积较大,对于工作面内部的信息尤其是小断层分布和煤层破坏情况还无法完全掌握;新义矿煤样导电性以离子导电性为主,瓦斯和应力会造成高阻响应,构造煤会造成低阻响应。因此,需对两个煤矿探测结果的阻值异常区进行具体分析,以确定实际有突出危险性的区域并进行区域划分。

6.2 采煤工作面区域突出危险性探测

6.2.1 工作面电阻率成像方法及原理

要实现工作面内电阻率成像,需在上下巷布置电极进行数据采集,利用并行电法仪采集的数据可以进行二维和三维电阻率成像和解释。双巷网络并行电法探测为二维电阻率成像问题;三维电阻率成像多用于底板三维探测,自工作面至底板一定深度处可形成若干视电阻率切片,底板 0 m 处的图像即可认为是工作面内的图像。

(1)双巷网络并行电法探测方法

在实际探测中,对于缓倾斜煤层层内探测,通常将电极布置于巷帮中部腰线位置,探测出的电场变化主要受侧帮煤层内的地质变化影响。由于网络并行电法属于直流电法,探测有效最大侧向范围为 AB/2,因此,采用的最大间距 AB 应大于工作面宽度,以确保电流场能够覆盖整个工作面。采用网络并行电法更是很好地抑制了井下巷道中金属物品、积水、游散电流等的诸多不利影响因素,在层内探测方面已取得了显著的效果[1]。

网络并行电法仪采集的数据为全电场空间电位值,保持电位测量的同步性,避免了不同时间电位测量数据的干扰问题。如图 6-4 所示,在巷道 1 和 2 中沿侧帮腰线煤壁位置分别布置电法测线,利用网络并行电法仪采集各巷道内电法测线的电位变化情况,探测范围大时,每巷可布置多站测线采集数据。

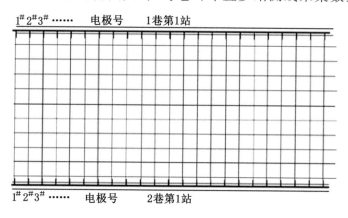

图 6-4 双巷网络并行电法现场布置及网格剖分示意图

数据反演时,统一编辑各站测线电极坐标,将双巷电法采集各站电位及电流数据进行拼接,联合进行双巷间二维电阻率层析成像反演。双巷电法层析成像原理及数据反演理论参见孔间电法成像技术[2-3]。通过软件处理系统,将双巷间平面范围剖分二维网格,通常网格划分宽度等于电极间距或 1/2 电极间距,再求解 Jacobi 矩阵,求取各网格的电阻率值,从而得到工作面双巷间二维电阻率分布情况。

根据地质异常体与正常煤体间的电性差异情况,结合已知巷道揭露地质资料、钻孔地质柱状以及该采面已有的地球物理勘探资料进行综合分析,从而给出工作面煤层内地质异常区的性质及分布范围。

(2) 双巷三维电阻率成像

利用网络并行电法仪采集的数据也可进行三维电阻率成像解释。电阻率三维反问题的一般形式可表示为[4]:

$$\Delta d = G\Delta m \tag{6-1}$$

式中　G——Jacobi 矩阵;

　　　Δd——观测数据 d 和正演理论值 d_0 的残差向量;

　　　Δm——初始模型 m 的修改向量。

对于三维问题,将模型剖分成三维网格,反演要求参数就是各网格单元内的电导率值,三维反演的观测数据则是测量的单极-单极电位值或单极-偶极电位差值。由于它们变化范围大,一般用对数来标定反演数据及模型参数,有利于改善反演的稳定性。由于反演参数太多,传统的阻尼最小二乘反演往往导致过于复杂的模型,即产生所谓多余构造,它是数据本身所不要求的或是不可分辨的构造信息,给解释带来困难。Sasaki 在最小二乘准则中加入光滑约束,反演求得光滑模型,提高了解的稳定性。其求解模型修改量 Δm 的算法为

$$(G^TG + \lambda C^TC)\Delta m = G^T\Delta d \tag{6-2}$$

其中,C 是模型光滑矩阵。通过求解 Jacobi 矩阵 G 及大型矩阵逆的计算,来求取各三维网格电性数据。

该数据体特别适合于采用全空间三维电阻率反演技术。由于具有较大的平面展布范围,通过在工作面风巷和机巷中布置电法测线,特别适合双巷间电阻率成像,来得到工作面间的电性分布情况。通过观测不同位置、不同标高的电位变化情况,经三维电法反演,可得出工作面内及其底板不同深度的电阻率分布情况,从而给出客观的解释。

6.2.2　朱仙庄矿Ⅱ1051 工作面区域突出危险性探测

6.2.2.1　工作面概况

朱仙庄矿位于安徽省宿州市,2002 年升级为突出矿井。该矿自建矿以来共

发生了 5 次瓦斯动力现象,时间分别为 1986 年、1987 年、1993 年、2001 年,突出类型属压出或倾出。5 次突出都发生在 8 煤层掘进工作面,且都发生在井田南翼一水平,分布在一、三、五采区,突出深度为 $-330\sim-400$ m。前 3 次动力现象发生在岩巷掘进工作面,原因是遇断层误揭煤层。2001 年发生的两次动力现象发生在煤巷掘进工作面,发生在应力集中部位,其中强度最大的一次在 853 工作面开切眼处发生煤与瓦斯倾出,突出煤量 42 t,突出瓦斯量 200 m³。

朱仙庄矿 10 煤层原来属于非突出煤层,作为 8 煤层的保护层开采。随着 10 煤层采掘向深部延伸,10 煤层瓦斯压力越来越大,根据实测瓦斯压力可拟合 10 煤底板标高与瓦斯压力的关系,再根据瓦斯压力与瓦斯含量的关系,可得到以下瓦斯压力和瓦斯含量的推算值。从表 6-1 可以看出,10 煤层瓦斯含量普遍较小,但瓦斯压力很高,该煤层继续往深部开采后将进入突出危险区。

表 6-1　朱仙庄矿 10 煤层瓦斯压力和瓦斯含量的推算值

标高	压力	瓦斯含量
-400	0.33	3.21
-450	0.40	3.69
-500	0.46	4.14
-550	0.53	4.55
-600	0.59	4.94
-650	0.66	5.30
-700	0.72	5.64
-750	0.79	5.96
-800	0.85	6.26

Ⅱ1051 综采工作面在矿井南部二水平上部 10 煤层一区段,南至朱仙庄矿与芦岭矿井田边界的保护煤柱线,北至Ⅱ5 采区轨道上山,上部里段邻 10715 工作面(已回采),上部外段邻七采区各上山及底部大巷,下邻Ⅱ1053 综采工作面(未回采)。

Ⅱ1051 工作面煤层产状为:走向 138°～155°、倾向 48°～65°、倾角 11°～30°、平均倾角 20°。10 煤层厚度为 0.75～3.5 m,平均为 1.87 m,呈黑色碎块状,以亮煤为主。工作面机巷标高为 $-477\sim-510$ m,风巷标高为 $-447\sim-479$ m,该区域实测瓦斯压力为 0.5 MPa 左右,10 煤层坚固性系数最小仅为 0.27,瓦斯放散初速度为 11 mmHg,煤层破坏类型属于Ⅲ～Ⅳ类,按照四项指标规定该工作面区域无突出危险性,但是在构造应力及采动应力的综合作用下,0.5 MPa

瓦斯压力也极易引发突出,加之该工作面在掘进和回采期间,不同区域处突出预测指标差异性很大,因此对该工作面区域进行再划分是很有必要的。

Ⅱ1051 工作面为Ⅱ5 采区首采工作面,根据现有资料分析,工作面外段构造较复杂,受 F5、F5-3、F5-3-1、F5-1 断层影响(表 6-2),煤层有一定的错动工作面里段虽无大断层影响,但从已掘的 879 瓦斯抽排巷和Ⅱ851 岩轨巷资料来看,在两岩巷中揭露了较多小断层面,可能会延伸到底部 10 煤层,对两巷掘进有所影响。

断层分布见图 6-5。

表 6-2　工作面主要断层产状

构造名称	走向	倾向	倾角	性质	落差/m	对掘进影响程度
F5	175°~198°	85°~108°	70°	正断层	2~10 m	有一定影响
F5-3	175°	85°	70°	正断层	10 m	有较大影响
F5-3-1	180°~200°	90°~110°	63°~80°	正断层	6~10 m	有一定影响
F5-1	359°~25°	89°~115°	70°	正断层	10~30 m	影响较大

6.2.2.2　网络并行电法视电阻率成像布置方法

现场直接在巷道底板依次布置电极和测线。测站布置如表 6-3、图 6-6 所示,风巷和切眼布置 5 站,机巷和联巷布置 5 站,每站布置 64 个电极,电极间距为 5~5.5 m。现场直接在巷道底板依次布置电极和电法测线。工作面走向长度控制约 1 335 m。

表 6-3　测站布置方案

测站	位置	备注
第一站	从风巷与联巷交叉口到 A3 点向外 15 m 之间	
第二站	风巷 A4 测点向外 18 m 和 F13 测点之间	
第三站	风巷 F15 与 GF2 测点之间	
第四站	机巷 J6 测点到 J16 测点向里 11.28 m 处	
第五站	机巷 J15 与 J23 测点之间	坐标系选取以机巷 D0 测点为平面直角坐标原点(0,0),沿机巷指向 J41 点方向为 X 轴正向,则垂向风巷方向为 Y 轴正向
第六站	机巷 J20 测点与联巷范围内	
第七站	风巷与联巷交叉口到 A15 点向外 13.2 m 之间	
第八站	风巷 A4 测点向外 18 m 和 F13 测点之间	
第九站	风巷 D0 与 J34 测点向里 16.8 m 之间	
第十站	联巷外 15 m 到 J35 测点向里 33 m 处	

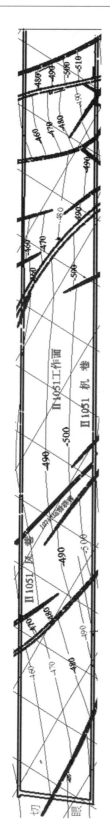

图6-5 工作面断层分布图

图6-6 网络并行电法电极布置图

并行电法探测采集的是电流电压信号,探测区域内基本切断了大型电路。由于采用并行电法采集技术,可以一次供电,多道同时接收,压制现场随机噪声干扰,有效保证了数据采集的有效性。现场数据采集全部进行了复测,复测结果基本相同。每站数据采集采用 AM 法,各采用 0.5 s 和 2.0 s 恒流供电方波采集数据一次,以校验电阻率数据采集的可靠性。经数据解编表明,两次采集的数据基本一致,原始数据质量可靠。

电法探测采用巷道电测深法和三维全空间电阻率反演来反映底板电性参数变化情况。坐标系选取以机巷 D0 测点为平面直角坐标原点(0,0),沿机巷指向 J41 点方向为 X 轴正向,则垂向风巷方向为 Y 轴正向。对风巷和机巷各站三极电测深反演结果分别进行拼合处理,做三极测深反演计算的时候选取的坐标系选取以机巷 D0 测点为平面直角坐标原点(0,0),沿机巷指向 J41 点方向为 X 轴正向,结果采用 surfer 软件进行成图处理。经过上述处理可得到煤层底板视电阻率三维图像以及底板不同深度处视电阻率切片,由于直流电法勘探具有体积效应,可以认为底板 0 m 深度处即为煤层内视电阻率图像。

6.2.2.3　探测结果及区域划分

从并行电法探测所得视电阻率图像(图 6-7)来看,工作面视电阻率从 1~75 Ω·m 变化不等,呈不均匀分布,有局部明显的高阻和低阻显现,这说明工作面内部存在异常范围,而且阻值差异很大,下面从几个方面分析图像异常区域的成因及突出危险性,以进行区域划分。

(1)无突出危险性的阻值异常区

1)采掘空间卸压带影响

在靠近机巷和风巷的部位,即图像上下边缘处,视电阻率多呈现高阻,但是区域宽度不大,这可能是因为煤巷的掘进造成了应力的重新分布[5],出现应力降低区,煤体扩容的发生造成了一定范围的卸压带,卸压带内煤岩松软破碎,可能导致高阻响应,这些高阻区域处于低应力范围内,应属于无突出危险性区域。

切眼处呈现明显的高阻响应,切眼以内约 40 m 范围内视电阻率值多在 30 Ω·m 以上,其中切眼以内 20 m 范围阻值较高,局部区域在 50~70 Ω·m。这些高阻区域宽度比掘进巷道卸压带宽度明显增大,这是因为切眼断面较大,因此开切眼后形成的卸压带宽度较大,此处也应属于无突出危险性区域。

在工作面里段与外段之间的区域(500~630 m),有一倾斜条状高阻区,这是由于受到工作面内 10715 运输联巷的影响,因此不能作为突出危险区考虑。

2)富水区的影响

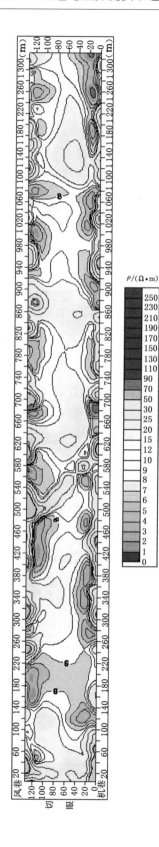

图6-7 网络并行电法探测结果图

该工作面受底板灰岩水威胁,利用直流电法技术进行富水性探测时,探测出最大的一个区域在距离切眼 100～220 m,贯穿了整个工作面,对该区域进行探放水发现确实为富水区域。

在距离切眼 1 160～1 130 m,靠近机巷一侧有一低阻区域,在机巷掘进期间就发现该处有小范围涌水现象,另外该下边缘比较靠近机巷,使得机巷卸压带在电法图像中的响应不明显,这也说明了该区域中水对电阻率的影响要大于对卸压带的影响,因此呈低阻响应;以上两处区域均可作为无突出危险区。

3) 风巷和机巷边缘小范围低阻区

工作面风巷和机巷边缘处有若干小范围低阻区,基本处于风巷卸压带范围内,如靠近风巷侧距区域 740～810 m 区域、960～1 020 m 区域等,经判断这种现象可能为电法仪器本身数据采集特点造成的,或者确实存在小范围的含水区,因此可不作为突出危险性考察。

(2) 有突出危险性的阻值异常区

1) 工作面内的高阻区

在工作面外段,距切眼 600～770 m 以及 800～920 m 有两处高阻区域,根据已揭露的断层显示,不在已揭露断层影响区域内,不排除工作面内隐伏断层或小断层的影响,因此将这两处区域作为重点预测区域。

2) 工作面内的低阻区

工作面机巷处于埋深较大部位,较之风巷更易发生突出危险性,在机巷处有一处低阻区,为距切眼 240～420 m 区域,该经施工探水钻孔未发现有水涌出,因此将其作为突出危险区考察。

在距离切眼 380～600 m 之间,靠近风巷一侧也有一低阻区域,该区域面积较大,但由于受 10715 运输联巷的影响,在距切眼 480～540 m 之间呈高阻响应,在10715 运输联巷掘进期间,在靠近风巷处向两侧施工钻孔时无水涌出,表明该区域不是富水区,但是又存在明显的大范围低阻响应,因此应作为突出危险性考察。

3) 工作面内高低阻混合区

在工作面外段,距切眼 1 100～1 240 m 处有一高阻区域,在 990～1 100 m处有一低阻区域,高低阻区域基本连在一起,对比分析断层分布图(图 6-5)来看,此处有一范围比较大的正断层,延伸至深部呈分叉状态,可能是受到断层影响形成该区域,因此此混合区域作为突出危险区考察。

经以上分析,排除了无突出危险性的阻值异常区域,圈定了存在突出危险可能的阻值异常区域,据此可对Ⅱ1051 工作面进行煤与瓦斯突出危险性区域探测,区域划分结果如图 6-8 所示。红色虚线圈定区域为潜在突出危险区域,从左到右分别为“区域 1”至“区域 5”。

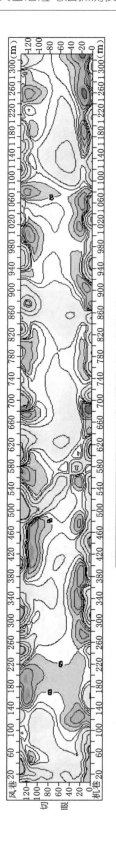

图6-8　II 1051工作面区域突出危险性探测结果图

6.2.2.4 掘进对比和回采验证

该工作面煤巷掘进期间采用连续预测的方法进行突出危险性验证,预测指标为钻屑量 S 和钻屑瓦斯解吸指标 Δh_2,临界值可参考《防治煤与瓦斯突出细则》中的临界值,另外瓦斯浓度也是开采过程中常见且非常重要的指标,其变化能够反映瓦斯涌出的异常。

该工作面采掘期间尚未发生过动力现象,但是预测指标和瓦斯浓度时常有所波动,因此,本书根据预测指标随巷道掘进的变化规律,结合瓦斯浓度显现特征,分析常规指标分布与电法探测图像的关联性,以验证探测结果的可靠性。

(1)开切眼期间预测指标

切眼处因巷道断面较大,造成卸压带范围较大,因此高阻显现较明显,切眼预测数据(图 6-9)与电法探测图像无明显的对照规律,但是可以看出,距离风巷越远,预测指标数值呈减小的趋势,即越往浅部预测指标越小,这也说明了该工作面瓦斯分布与埋深的关系是很明显的,所以前文在进行探测时将靠近机巷侧的阻值异常区作为重点考察区域。

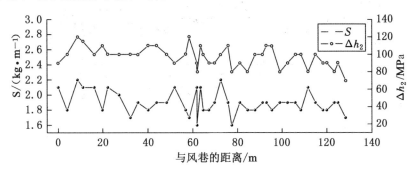

图 6-9　切眼处突出预测指标变化趋势

(2)风巷掘进期间预测指标

风巷的预测指标虽然均未超过临界值,但仍有一定规律可循,见图 6-10,Δh_2 在距切眼 400 m 之后呈波动上升趋势,最大值达 160 Pa,到 600 m 前有所下降。对比图 6-6 可以看出,Δh_2 上升区与探测结果中"区域 2"的范围是对应的,说明这一低阻区为瓦斯异常区。

在距切眼 1 000～1 100 m 之间 Δh_2 又有小幅度上升,该处与探测结果中区域 5 的上边缘位置是对应的。

S 值在整个过程中波动不大,且绝对值很小,说明地应力显现不明显,这也与风巷埋深较浅有关。由此可判断风巷中 Δh_2 的波动可能是由于瓦斯富集造成的。

风巷掘进期间瓦斯浓度的变化与 Δh_2 的变化具有一致性,见图 6-11。在距

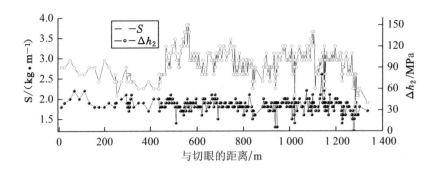

图 6-10　风巷突出预测指标变化趋势

切眼 500 m 和 1 100 m 有两处升高区,与 Δh_2 的变化是对应的,与探测结果也是吻合的。

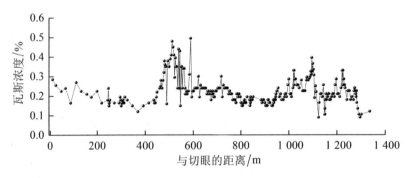

图 6-11　风巷掘进期间瓦斯浓度变化趋势

（3）机巷掘进期间预测指标

机巷埋深比风巷要大,因此预测指标绝对值也多大于风巷。从图 6-12 可以看出,在距切眼 200～400 m 之间 S 和 Δh_2 均有明显的上升趋势,该位置与探测结果中"区域 1"的范围是对应的。

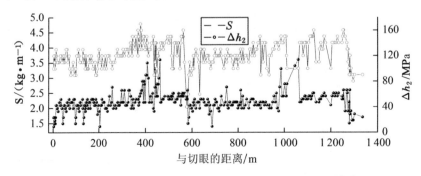

图 6-12　机巷突出预测指标变化趋势

在距切眼 1 000～1 100 m 之间，S 和 Δh_2 有突升现象，可能是由探测结果中"区域 5"的下边缘处的影响造成的。

在距切眼 1 200 m 过后，S 和 Δh_2 均有不同程度的下降，根据探测结果中的分析，与该区域为富水区有关。

机巷掘进期间瓦斯浓度与 S 和 Δh_2 对应性较好，见图 6-13，说明在深部位置瓦斯显现较明显，地应力也有所增大，并且能够验证探测结果的可靠性。

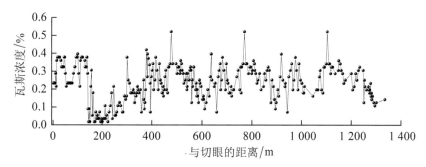

图 6-13　机巷掘进期间瓦斯浓度变化趋势

（4）回采期间预测指标

Ⅱ1051 工作面回采工作于 2012 年 11 月 27 日开始进行，由于面临断层和底板砂岩水的影响，瓦斯压力也较大，虽未发生过动力显现，但是回采速度较慢，现已回采了 357 m。图 6-14 和 6-15 分别为工作面回采期间预测指标和瓦斯浓度的变化趋势图，可以看出，在距切眼 100 m 过后预测指标和瓦斯浓度都呈下降趋势，此时工作面已进入图 6-8 中的富水区域，该处涌水量较大，导致不易形成积聚，因此测得指标数据较小，且不断下降。

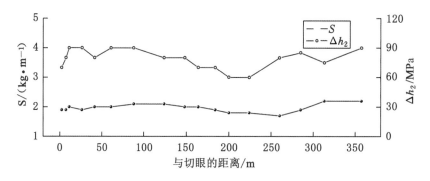

图 6-14　工作面回采期间突出预测指标变化趋势

在距切眼 250 m 位置之后，预测指标和瓦斯浓度开始上升，此时工作面已进去区域预测结果中的"区域 1"，经分析，该区域无富水影响却有大范围低阻响

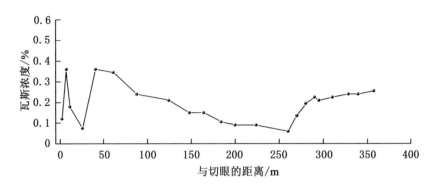

图 6-15　工作面回采期间瓦斯浓度变化趋势

应,预测指标和瓦斯浓度数据表明,该区域可能为瓦斯富集区。

随着回采的不断进行,对于图 6-8 中的"区域 3"至"区域 5"也将得到验证,这三处区域均有大范围的高阻响应,机巷和风巷的掘进数据还不能完全反应该区域的瓦斯和应力以及煤层破坏情况,需根据回采期间的预测指标和瓦斯显现进行综合判断。

由于回采距离较短,对预测数据及实际揭露煤层的情况掌握还较少,对于以上分析的准确性和可靠性,需对比分析回采期间的预测数据、动力显现、瓦斯涌出及构造特征等情况进行综合判断,有待于进一步验证和修正。

6.3　掘进工作面区域突出危险性超前探测

6.3.1　直流电法超前探原理

使用直流电法超前探测方法进行掘进巷道迎头超前探测,具有高效、方便、廉价之特点,属"非接触式"探测法,即无需向掘进工作面前方施工钻孔,只需布置电极即可。它能避免因井下钻探等"直接接触式"探测法揭露瓦斯包及富水地段等而引发灾害的可能性,为超前判断前方异常体的存在及状态提供了可靠的参考依据。

进行直流电法超前探测时,一个供电电极向全空间均匀介质中的 A 点供电,另一个供电电极则位于无穷远 B 点,两个电极之间的距离非常大,记录点接收的电位主要受 A 点的电极影响,而 B 点的电极产生的影响几乎可以忽略不计,因而 A 电源建立的电场就是单个点电源的电场(图 6-16)。以 A 点为中心形成的电场,向四周均匀放射电流,距 A 点的等距离点组成一个球形等位面,在这个面上每点的电位都是相等的,等位面的变化代表整个球壳中电性异常的综合反映,这就是直流电法超前探测的基本理论。

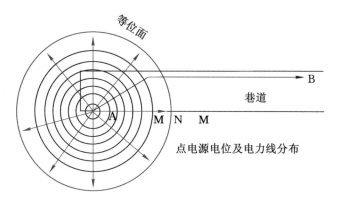

图 6-16 点电源电场示意图

常规超前探常用方法为"三点源法"[6],在巷道中设 A、B 两极为供电点,其中 B 点设在无穷远(5~10 倍的探测距离),就形成了以 A 点为中心稳定的球形电场。对 3 个不同球形电场 A_1、A_2、A_3(图 6-17)进行测试,可以得到 3 组前方相切的介质视电阻率。经软件处理,消除其他方向上的干扰,可得到前方切点处的视电阻率。通过连续观测就可得到工作面前方不同距离处介质的视电阻率变化曲线,含水地点的岩石视电阻率会大大降低,根据视电阻率变化情况可以推测工作面正前方水文地质是否存在异常。

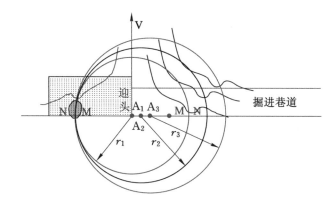

图 6-17 直流电法超前探测原理示意图

巷道空间超前探测系统布置中数据采集对前方地质异常判断起到关键作用。近年来,由于直流电法技术的快速发展,特别是网络并行电法的出现,在三点源测试布置基础上,直流电法超前探在方法和技术上都有了很大的改进,可利用并行电法技术一次布置 64 个电极[7],任一电极供电时,其余 63 个电极同步采集电位,可在短时间内完成多个供电点三极组合测试,取得大量的电极点电位数据,实现多极供电直流电法超前探测[8-9],超前探装置见图6-18。

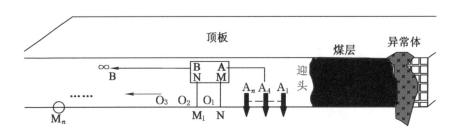

图6-18 超前探测装置图

6.3.2 新义矿12011带式输送机平巷区域突出危险性超前探测

6.3.2.1 工作面概况

新义矿是义马煤业集团的一对新建矿井,设计生产能力1.2 Mt/a,属于豫西煤田中的新安煤田,矿区范围内大、中型断层不发育,水文地质条件简单-中等。受区域地质构造控制,区内二$_1$煤构造软煤发育、煤体结构达到Ⅲ~Ⅴ类,煤层厚度变化大、透气性差。新义矿井田构造形态总体为一走向北东、倾向南东的单斜构造,并发育有极其宽缓的小型波状起伏,井田内大、中型断层不发育,地质构造简单。

12011工作面为新义矿12采区的首采工作面,地面标高+367~+402,井下标高−214.49~−310.30;走向长度140 m,带式输送机平巷倾向910 m、轨道运输平巷895 m。该工作面煤层倾角7°~14°,厚度3.47~7.25 m,平均5.36 m,有自南西向北东增厚趋势;煤层结构简单,属非自燃性煤,但煤尘具爆炸性;工作面内二$_1$煤瓦斯含量为2.21~9.80 m/t,瓦斯压力为0.3~1.2 MPa,属于有突出危险性煤层;总体来说,该工作面构造简单,整体上呈一单斜形态,走向北偏东40°~60°,倾向南偏东40°~60°,倾角7°~14°,区内无大断层发育。

12011工作面作为该矿西区的首采工作面,在巷道掘进期间采用了水力冲孔措施,并通过穿层钻孔预抽煤巷条带瓦斯:12011带式输送机平巷低位瓦斯抽放巷与带式输送机平巷呈外错布置,巷道设计长度为755 m,布置在二$_1$煤层底板的泥岩中,掘进过程中巷道顶板距二$_1$煤层底板保持5~9 m的安全岩柱,其主要作用是通过穿层钻孔预抽带式输送机平巷条带煤层瓦斯,保证12011带式输送机平巷安全掘进。

由于二$_1$煤层为突出煤层,构造煤发育,瓦斯压力和含量均较大,在掘进过程中出现了多次瓦斯异常涌出现象,说明该区域存在瓦斯富集区,因此,无论是掘进还是预抽煤层瓦斯,对掘进工作面前方的瓦斯富集区及其他地质异常进行超前探测,可以做到有的放矢,对提高掘进效率、保障安全生产具有重要的意义。本次探测的重点就是利用网络并行电法技术,通过对巷道掘进前方 100 m 内的构造(包括煤厚变化等)及瓦斯富集区进行探测,针对可能遇见的地质灾害进行评价,为矿井安全生产提供有力的保障手段。

6.3.2.2 网络并行电法超前探测布置方法

进行探测布置时,带式输送机平巷掘进至停采线前方 128 m 处。在 12011 工作面带式输送机平巷布置一条测线,离巷道左帮位置约为 1.5 m;测线第 1# 电极位置紧贴迎头,电极距 2.5 m,一共布置 64 个电极,测线长为 157.5 m;超前电法采集站在测线的中点位置。供电电极 A 从 1# 到 64# 依次供电,每次供电时间 2s,采样间隔时间 50 ms;其余 63 个非供电电极同时测量与比较电极 N 的电位差(N 置于测线中点),无穷远电极 B 置于巷道后方 450 m 位置处。选用前 6 个供电电极进行后方视电阻率值计算,然后按照全空间理论进行迎头前方 100 m 内视电阻率计算并成图,采集仪器为 WBD 网络并行电法仪,现场探测布置示意如图 6-19 和图 6-20 所示。物探解释以完成电极布置次日停头位置为坐标零点,向巷道后方为负值,超前方向为正值,求取每个电极点的相对坐标。

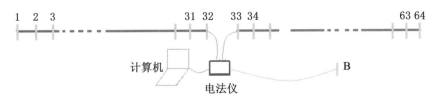

图 6-19 现场测站布置示意图

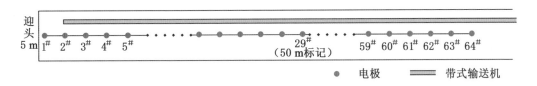

图 6-20 电法探测现场电极布置图

直流电法探测采集的是电流电压信号,探测区域内基本切断了较大的供电设备。由于采用并行电法采集技术,可以一次供电,多道同时接收,压制现场随机噪声干扰,有效保证了数据采集的有效性。现场数据采集全部进行了复测,复测结果基本相同,符合电法数据采集行业标准,原始数据质量可靠。

6.3.2.3 探测结果及区域划分

图 6-21 为探测区域前方视电阻率图。可见,视电阻率呈现一定的分层分布

规律,巷道迎头前方 10~52 m 存在相对高阻区,视电阻率值都在 75 Ω・m 以上,其中 26~33 m 范围内为绝对高阻区,视电阻率值都在 100 Ω・m 以上,在 64~75 m 范围内存在低阻区,阻值都在 60 m 以下。

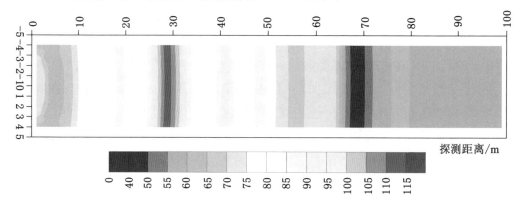

图 6-21　直流电法视电阻率剖面图

12011 工作面区内无大断层发育,从运输平巷掘进情况来看,也几乎未见有小断层,可见该区域构造简单,可不考虑断层对探测结果的影响。从视电阻率分布来看,探测区域内视电阻率异常区域面积较大,高阻区和低阻区同时存在,且存在一定范围的过渡区,说明探测对象内部存在异常体,且异常体是有变化的,根据预测区域的状态,将 10~72 m 范围划分为突出危险区。

6.3.2.4　掘进验证

新义矿目前采用的煤巷掘进预测指标为钻孔瓦斯涌出初速度 q、钻屑瓦斯解吸指标 Δh_2 和钻屑量 S,根据多年的采掘经验,确定了该矿突出预测临界值,均小于《防治煤与瓦斯突出规定》中的临界值,只要有一个指标超过自行规定的临界值,即预测为有突出危险性,详见表 6-4。

表 6-4　新义矿突出预测敏感指标及临界值

敏感指标	单位	《规定》中的临界值	实际执行临界值
q	L/min	5	3.5
Δh_2	Pa	200	150
S	kg/m	6	4

以停采线前方 128 m 处作为零点,与电法图像零点保持一致,作出预测指标随探测距离的变化关系图(图 6-22 至 6-24)。可见,Δh_2 与 q 保持了较好的一致性,在 10~60 m 有所升高,其中 Δh_2 最大值为 220 Pa,q 最大值为 4.7 L/min,均超过了临界值,预测为有突出危险性。

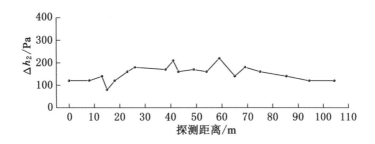

图 6-22 钻屑瓦斯解吸指标 Δh_2 随探测距离的变化

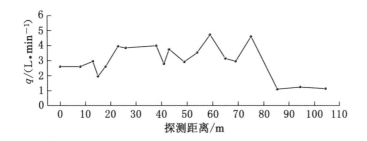

图 6-23 钻孔瓦斯涌出初速度 q 随探测距离的变化

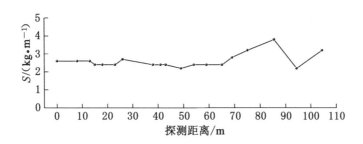

图 6-24 钻屑量 S 随探测距离的变化

该范围包含在电法探测图像中的异常区域范围内,说明电法探测图像中的异常区域也同时为预测指标升高区和异常区,充分验证了前文中区域划分的可靠性。

钻屑量指标 S 值在前 70 m 以前波动不大,在 70 m 之后有升高趋势,说明可能存在应力的作用,但是总体来看尚未超过临界值。

根据巷道实际揭露资料显示(图 6-25),在超前探测区域煤层厚度存在较大的变化,在 10~30 m 范围内煤层厚度由 3.3 m 突然增大到 7.8 m,而在 60~80 m 范围内煤层厚度由 8.7 m 迅速减小到 3.0 m。这两处位置与电法超前探图像中视电阻率异常区域范围基本一致。

煤层厚度变化带也属于导致突出发生的常见构造带,在新安煤田的 14 次突

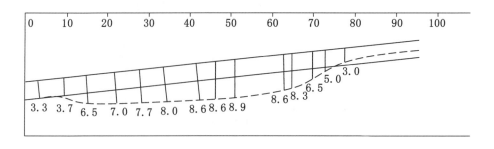

图 6-25　实测煤厚剖面

出中,有 9 次都发生在煤层厚度变化带,煤层厚度变化带控制突出的机理可分为以下两个方面:

1) 当煤层厚度由薄急剧变厚时,瓦斯含量一般也增大,二者成正相关关系。对于厚煤层来说,靠近煤层顶底板的分层相对于中间分层起到了阻止瓦斯逸散的作用,因此,煤层中部的瓦斯含量较高,足以形成瓦斯分层。随着瓦斯含量和瓦斯压力不断增大,容易发生突出,突出中瓦斯起着比较重要的作用,因此在这一区域,Δh_2 与 q 有所增大,甚至超过了临界值。

2) 当煤层厚度由厚变薄时,瓦斯含量和瓦斯压力减小,但水平地应力增大,容易出现压出事故,压出过程中应力起着比较重要的作用,这也是钻屑量 S 在 70 m 后突然增大的原因。

根据前文的实验可知,新义矿煤样属于离子导电性为主的煤样,瓦斯和应力的作用均会引起视电阻率的高阻响应,瓦斯在煤层由薄变厚带作用很明显,在以上的突出危险区域探测及划分中,10～52 m 区域为高阻区,预测指标以及实际揭露情况三者之间都有很好的对应关系,也很好地验证了电法探测结论的正确性。

但是在 64～75 m 范围内的低阻区,由于地应力的作用本应呈现高阻响应,与实验研究结论不一致,因此,在实际揭露过程中对煤体结构性质进行了考察和测试,虽然煤层整体较软,但是在 64 m 以前煤体坚固性系数大都在 0.3 左右,煤体呈细小碎粒状,层理紊乱,按照煤的破坏类型分类可判断为 Ⅲ 类破坏煤;而进入该低阻区域内煤体坚固性系数下降至 0.15～0.2 之间,用手捻之可呈粉末,属于典型的 Ⅳ-Ⅴ 类煤,即强烈破坏的构造软煤。构造软煤的视电阻率一般小于其他煤体,虽然该区域由于煤层由厚变薄而存在一定的应力作用,但该应力相对于构造应力和垂直应力来讲是很小的,因此构造软煤对视电阻率的响应起主要作用,这也是造成该区域呈低阻响应的原因,这也说明了将该区域划分为突出危险区是正确的。

上述分析表明,并行电法超前探图像的异常区域也反映了瓦斯、地应力和构造煤的异常分布,可以用来进行超前探测。由于目前直流电法的应用范围多为水文地质等领域,在突出区域的预测、评价及划分方面应用还较少,加之各矿地质条件均有差异,若总结并行电法探测突出的一般规律还需大量的实验和现场验证,随着矿井直流电法特别是网络并行电法技术的推广和应用,有望在煤与瓦斯突出防治领域发挥重要作用。

6.4　本章小结

（1）分析了网络并行电法的应用类型及应用范围,选取工作面电阻率成像与掘进巷道超前探技术作为突出危险性区域探测的手段,提出了直流电法探测区域突出危险性的判识方法。

（2）利用网络并行电法技术进行了朱仙庄矿Ⅱ1051工作面区域突出危险性探测和新义矿12011带式输送机平巷区域突出危险性探测,综合探测结果与瓦斯地质分析结果,对探测对象进行了区域划分,圈定了若干阻值异常区域作为突出危险区,并根据工作面形成前巷道掘进期间以及形成后回采期间的预测指标、瓦斯浓度、断层揭露情况等,对探测和划分结果进行了验证。结果表明:并行电法探测结果与验证指标具有一致性,区域划分结果能够较好地反映潜在突出危险区域的分布状态。

参考文献

[1] 吴荣新,张平松,刘盛东.双巷网络并行电法探测工作面内薄煤区范围[J].岩石力学与工程学报,2009,28(9):1834-1838.

[2] LOKE M H,DAHLIN T. A comparison of the gauss-newton and quasi-newton methods in resistivity imaging inversion[J]. Journal of applied geophysics,2002,49(3):149-162.

[3] CHRISTIANSEN A V,AUKEN E. Optimizing a layered and laterally constrained 2D inversion of resistivity data using Broyden's update and 1D derivatives[J]. Journal of applied geophysics,2004,56(4):247-261.

[4] 张平松,刘盛东,吴荣新,等.采煤面覆岩变形与破坏立体电法动态测试[J].岩石力学与工程学报,2009,28(9):1870-1875.

［5］康红普,王金华,高富强.掘进工作面围岩应力分布特征及其与支护的关系[J].煤炭学报,2009,34(12):1585-1593.

［6］刘青雯.井下电法超前探测方法及其应用[J].煤田地质与勘探,2001,29(5):60-62.

［7］张平松,李永盛,胡雄武.巷道掘进直流电阻率法超前探测技术应用探讨[J].地下空间与工程学报,2013,9(1):135-140.

［8］张平松,刘盛东,曹煜.坑道掘进立体电法超前预报技术研究[J].中国煤炭地质,2009,21(2):50-53.

［9］胡雄武,张平松.矿井多极供电电阻率法超前探测技术研究[J].地球物理学进展,2010,25(5):1709-1715.

7 主 要 结 论

　　煤与瓦斯突出是一种严重的矿井动力灾害,随着煤矿开采深度和开采强度的增大,煤层突出危险性也在增加。煤与瓦斯突出呈现明显的分区分带特征,因此有必要对区域突出危险性进行探测和划分,但目前还缺乏有效的探测手段及技术装备。本书提出将主动式直流电法引入煤与瓦斯区域突出危险性探测中,揭示了煤层突出危险要素对煤体电性特征的影响规律与作用机制,研究了煤与瓦斯突出演化过程直流电法响应规律,提出了直流电法探测煤与瓦斯区域突出危险性的技术思路及判识方法,并进行了现场初步应用。取得的主要研究成果如下:

　　(1)建立了受载煤体电阻率实时测试系统,分别研究了单轴压缩、循环加载和分级加载下煤体电阻率变化规律,结果表明:对于同一导电特性的煤样而言,电阻率随加载压力的变化趋势是一致的。对于不同导电特性的煤体,受载过程电阻率变化趋势会有很大差别,主要表现在煤体破坏之前电阻率随加载应力会有不同的变化趋势,整体上多呈一元二次方程和对数函数形式变化;在加载后期随着煤体的变形破裂加剧,电阻率最终都呈上升趋势,由于煤样破坏的不稳定性,电阻率上升过程中也呈现多种变化形式。

　　(2)深入了煤体单轴压缩全应力-应变过程不同阶段的电阻率变化规律,结果表明:以体积应变为标志的扩容现象对煤体电阻率具有重要影响,主要体现在扩容点处电阻率会出现突变现象。提出了扩容点电阻率突变现象可作为煤体失稳破坏前兆信息的观点,并建立了不同导电特性煤体的扩容-电阻率模型。还发现不仅静态煤体电阻率具有各向异性特征,在动态加载过程中不同层理方向电阻率的变化也具有各向异性特征。

　　(3)建立了瓦斯吸附/解吸过程煤体电阻率变化实时测试系统,分别测试分析了不同煤样在不同气体压力及气体种类条件下的电阻率变化规律,结果表明:由于煤体导电特性的差异,不同煤样电阻率变化特征也有所不同,以离子导电性为主的煤体随吸附过程电阻率呈上升趋势,以电子导电性为主的煤体随吸附过程电阻率呈下降趋势;煤体电阻率在气体吸附阶段与解吸阶段呈相反的变化趋势,且两个阶段的初始时刻煤体电阻率都会发生突然变化;吸附和解吸过程中煤体电阻率的变化幅度随气体压力的升高而增大,另外还和气体的吸附性能有关,表现为 $CO_2 > CH_4 > N_2$。

(4) 从微观角度研究了煤的导电机理和导电特性,归纳了影响煤体电阻率的各项因素。提出了煤的弱束缚离子导电机理,认为煤体在受外力作用时,煤体内部的晶格错位与宏观缺陷等作用使得弱束缚离子容易活化并形成载流子,导致离子导电性增强,利用 X-射线衍射和扫描电镜能谱分析实验对该理论进行了验证分析;通过压汞实验和扫描电镜实验,研究了受载煤体孔隙裂隙演化过程;揭示了煤体导电特性和孔隙裂隙结构的演化是决定其受载过程电阻率变化特征的主要因素。

(5) 基于含瓦斯煤的力学特性,研究了瓦斯对煤体电阻率作用机制,发现含瓦斯煤的力学特性对煤体电阻率具有重要影响。将瓦斯吸附/解吸的实验结果与受载煤体实验结果进行了对比分析,发现同一导电特性的煤体在瓦斯吸附阶段和单轴压缩初期电阻率变化存在一定的内在规律和联系,从而得出应力和瓦斯对煤体电阻率的作用机制从本质上讲都是煤体导电通道受到外力作用而改变了力学特性,从而影响了电阻率的变化。

(6) 建立了煤与瓦斯突出模拟及并行电法测试实验系统,该系统集加载、充气、观测、并行电法测试于一体,能够模拟不同煤体在应力和瓦斯压力作用下的突出演化过程,与此同时可实现并行电法的连续测试功能。

(7) 进行了大尺度原煤试样实验和煤与瓦斯突出模拟实验的并行电法测试研究,结果表明:并行电法测试结果不仅能够反映试件整体视电阻率变化规律,还能反映试件内部视电阻率分布的差异性及变化过程的差异性;应力和瓦斯作用于煤体时,并行电法测试图像在整体变化较明显,在突出发生后,图像在整体和局部都有所响应,反映了煤体运动状态及裂纹的分布,说明并行电法测试结果能够反映煤与瓦斯突出的时-空演化过程;提取了并行电法测试结果中的视电阻率值、自然电位和一次场电流作为突出和压出实验特征参数进行分析,发现特征参数在煤与瓦斯演化过程中具有明显的变化规律。

(8) 对比分析了硬煤(原生结构煤)和软煤(构造煤)的电法背景场测试结果,发现构造软煤视电阻率值普遍较小,实验煤样中硬煤视电阻率平均值为构造软煤的 3.34 倍,从构造煤的微观结构和力学特性角度分析了电阻率较低的原因,还发现构造软煤较之硬煤具有更明显的非均质性特征。

(9) 提出了直流电法探测煤与瓦斯区域突出危险性的技术思路及判识方法,根据网络并行电法工作面电阻率成像和掘进巷道超前探原理,结合瓦斯地质分析,分别进行了采煤工作面和掘进工作面区域突出危险性探测的现场试验,实际考察了回采及掘进期间的突出预测指标、瓦斯涌出、揭露构造等,结果表明:并行电法探测结果与验证指标之间具有一致性,区域划分结果能够较好地反映潜在突出危险区域的分布状态。